河北省社会科学基金重大项目（HB19ZD04）

区域碳排放的驱动要素、政策效果及减排路径研究

杨 沫 陈 凯 著

中国财经出版传媒集团

中国财政经济出版社

图书在版编目（CIP）数据

区域碳排放的驱动要素、政策效果及减排路径研究／杨沫，陈凯著 . -- 北京：中国财政经济出版社，2020. 3

（区域经济重点学科系列丛书）

ISBN 978 - 7 - 5095 - 9575 - 6

Ⅰ. ①区…　Ⅱ. ①杨… ②陈…　Ⅲ. ①二氧化碳－排气－环境政策－研究－河北　Ⅳ. ①X511

中国版本图书馆 CIP 数据核字（2020）第 022458 号

责任编辑：彭　波　　　　　责任印制：党　辉
封面设计：孙俪铭　　　　　责任校对：李　丽

中国财政经济出版社 出版

URL：http：//www. cfeph. cn

E - mail：cfeph @ cfemg. cn

社址：北京市海淀区阜成路甲 28 号　邮政编码：100142

营销中心电话：010 - 88191537

北京财经印刷厂印装　各地新华书店经销

710×1000 毫米　16 开　14 印张　260 000 字

2020 年 3 月第 1 版　2020 年 3 月北京第 1 次印刷

定价：68.00 元

ISBN 978 - 7 - 5095 - 9575 - 6

（图书出现印装问题，本社负责调换）

本社质量投诉电话：010 - 88190744

打击盗版举报热线：010 - 88191661　QQ：2242791300

前　言

随着经济社会的快速发展和碳排放量的不断上升，碳排放引起的全球变暖成为影响人类生存与发展的主要环境问题之一。有关碳排放的研究越来越受到学术研究者的重视，其中，如何对碳排放及其解耦的驱动要素进行准确识别，对低碳试点政策的实施效果进行科学评估，并依据分析结果给出有针对性的减排路径是碳排放研究的重点和热点问题。虽然关于碳排放影响因素及减排路径方面的研究已经取得了一些成果，但是已有的研究还显得不够完善、不够系统，缺乏对区域碳排放驱动要素及政策效果的深入研究，不仅忽略了部门因素对碳排放与经济增长解耦效应的影响程度，而且对低碳政策的效果也缺乏系统地评估。鉴于此，本书按照"提出总体框架—构建影响因素模型—识别关键影响因素—构建解耦模型—探析部门解耦驱动要素—提出政策效果分析方法—探究地区效果主要影响因素—给出减排路径"的架构，对区域碳排放的驱动要素、政策效果及减排路径进行了较为系统的研究。本书的主要创新性研究工作如下：

（1）给出了区域碳排放关键影响因素的识别方法。在文献综述的基础上，首先确定了区域碳排放的影响因素，其次构建了基于 STIRPAT 的区域碳排放影响因素模型，给出了关键影响因素的识别方法和识别依据，其研究结论为分析和确定影响区域低碳政策实施效果的主要因素奠定了基础，并为区域碳排放的减排路径提供了具体的方向。

（2）构建了考虑部门因素的区域碳排放与经济增长的解耦模型。基于区域碳排放解耦效应中部门贡献的重要性，构建了考虑部门因素的区域碳排放解耦模型。首先运用 LMDI 因素分解法对碳排放变动进行了分解；其次构建了基于 LMDI 的区域扩展 Tapio 解耦模型，将解耦的驱动要素分解为经济水平要素、产业结构要素、能源强度要素、能源结构要素和能源排放系数要素；最后提出了考虑部门因素的区域碳排放解耦模型，分析部门要素对解耦的贡献。该模型的提出为探究区域及部门碳排放解耦的驱动要素，认清区域解耦状态的部门贡献，提出部门减排路径，提供了理论指导和分析框架。

（3）提出了区域低碳试点政策实施效果的分析方法。基于区域低碳试点政策效果的异质性问题，给出了基于双重差分法和合成控制法的区域低碳试点政策实施效果分析方法。首先，构建了基于双重差分法的低碳政策效果影响基本模型和时间趋势模型，用来分析区域整体平均化政策效果和无法通过对照组进行合成的试点城市的政策效果；其次，构建了基于合成控制法的低碳政策效果影响模型，用来分析可以通过对照组进行合成的试点城市的政策效果。使用该方法可以得到比较稳健的政策效果分析结果，便于识别产生效果的关键因素，为试点工作的推广及有针对性地制定地区减排路径提供了参考依据。

（4）给出了区域碳排放的减排路径。基于区域碳排放关键影响因素、部门解耦驱动要素和地区政策效果分析结果，考虑区域碳排放研究的不同角度和不同维度，分别有针对性地给出区域碳减排路径，从而为减少区域碳排放提供了系统性方案。

（5）进行了区域碳排放的驱动要素、政策效果及减排路径的实证分析。针对河北省碳排放的驱动要素、政策效果及减排路径进行研究，首先，详细地描述了河北省经济增长、能源消费与碳排放现状；其次，使用本书提出的关键影响要素识别方法、解耦驱动要素确定方法和低碳试点政策效果分析方法对河北省碳排放的关键影响因素、部门解耦驱动要素和地区政策效果进行分析；最后，依据本书给出的减排路径结合河北省的实际情况，给出了河北省碳排放的减排路径。

作者

2019 年 12 月

目　　录

第1章

绪　　论

1.1
研究背景

1.1.1　碳排放引起全球温室效应

全球变暖是影响人类生存与发展的主要环境问题之一，以煤、石油、天然气为主的能源消耗产生的碳排放是引起全球气候变暖的最主要原因[1]。如今，低碳经济与可持续发展是世界范围内的重要话题，而气候变化是全球可持续发展面临的严峻挑战之一，已成为当今世界政治经济外交的热点和焦点问题[2]。1992年6月4日，在巴西里约热内卢举办的联合国环境与发展会议上，《联合国气候变化框架公约》被正式签署，并于1994年3月21日正式生效。1997年12月，日本京都通过了《京都议定书》，设定了"将大气中的温室气体含量稳定在一个适当的水平，进而防止剧烈的气候改变对人类造成伤害"的目标，于2005年2月16日起开始强制生效。因此，发达国家和发展中国家分别从2005年和2012年开始承担减少碳排放量的义务。2003年英国发布《我们未来的能源——创建低碳经济》的白皮书，首次提出低碳经济概念[3]。

中国是一个能源消费和生产大国，能源消费量和能源生产量均居世界第一位。同时，中国是一个煤炭消费大国，煤炭能源在中国能源消费结构中占据了非常大的比重。改革开放以来，中国经济水平呈现高速增长态势，国内生产总值的年均增长率远远高于世界其他国家或者地区，这种以工业为主导的经济发展方式，在经济发展水平快速增长的同时，必然导致能源的大量消费以及温室气体的大量排放，使中国政府付出了巨大的能源及环境代价。

中国已进入工业化和城市化快速发展阶段，能源需求急剧上升，要实现经济的可持续发展，就必须改变经济发展模式，走"资源节约型、环境友好型"的低碳经济发展道路[4]。2007 年，中国发布了首份应对气候变化的政策性文件《中国应对气候变化国家方案》，这是发展中国家在该领域的第一份国家方案。2009 年 8 月，中国最高国家权力机关——全国人大常委会表决通过了关于积极应对气候变化的决议。同年 11 月，中国正式对外宣布控制温室气体排放的行动目标，决定到 2020 年单位国内生产总值二氧化碳排放比 2005 年下降 40% ~ 45%，并制定相应的国内统计、监测和考核办法。2011 年 3 月 16 日，国家颁布了"十二五"规划纲要，首次提出了"节能减排"的战略目标：五年内单位国内生产总值能耗降低 20% 左右，主要污染物排放总量减少 10%，同时将发展低碳经济作为国家应对气候变化的重要发展战略。2016 年 3 月 16 日颁布的"十三五"规划纲要也提出，单位国内生产总值能耗要比 2015 年下降 15%，非化石能源消费比重提高到 15% 以上，天然气消费比重力争达到 10%，煤炭消费比重降低到 58% 以下。因此，如何减少碳排放已成为全球重点关注的问题之一。

1.1.2 能源消费、碳排放与经济增长之间的关系问题引起关注

能源是人类社会存在和发展的重要物质基础。从某种意义上讲，人类社会的发展离不开能源的使用和先进能源技术的应用。在当今世界，随着人类对经济、能源、环境认识的加深，能源的发展，能源与环境之间的关系，能源、环境与经济之间的关系，已经成为全世界以及全人类共同关心的问题，也成为中国社会经济发展所面临的重要问题之一[5]。国际上开展了一系列平衡 3E 系统的综合研究，以分析能源、经济、环境中两者或者三者之间作用关系为主要内容，并将研究成果纳入国家的长期发展计划[6]。国内对于该问题的研究也日渐丰富，以实现经济社会协调可持续发展为目标的 3E 系统理论体系逐渐形成。

一个国家或者一个地区经济社会的发展水平以及人民生活水平的提高均需要能源作为基础，能源消费是维持经济稳定增长的动力与源泉，为经济水平的发展提供重要的物质保障[7]。也就是说，经济发展水平的提高不仅为能源发展创造条件，还会提高对能源消费的内在需求。能源不仅是经济增长的重要组成部分，而且为社会生产生活部门提供必要的原料基础。随着经济的增长，特别是石油危机爆发以后，能源的稀缺性引起了世界学者对能源等自然资源消耗的关注，各国学者对能源和经济增长的因果关系进行了大量的分析。

在社会生产生活活动中，经济的发展离不开能源等生产要素的投入，能源

的大量投入在推动经济发展水平提高的同时，也必然带来温室气体排放量的大幅增加，对于全球生态环境产生了极为不利的影响。另外，科技进步可以促使劳动生产率和能源使用效率的提高，使减少温室气体排放成为可能。因而，探索碳排放与经济增长之间的关系显得尤为重要。正确分析和处理能源消费、碳排放与经济发展水平之间的相互关系，将会对经济社会可持续发展产生非常有利的影响。

1.1.3 区域碳排放与经济增长的解耦驱动要素研究的必要性

1992 年，在巴西里约热内卢召开的世界可持续发展大会号召国际社会更加重视环境质量与区域经济发展之间的相关性。经济合作与发展组织（OECD）为描述经济发展受环境破坏影响的程度大小，提出了"解耦"的概念[8]，成为分析能源消费碳排放与经济增长关系的重要理论基础和切入点。

近年来，解耦模型被广泛应用于资源环境经济领域和温室气体减排领域，主要用来分析碳排放与经济增长的解耦关系。然而，在经济增长的过程中，能源增加并不是一种必然，碳排放也不会随着能源消费的增长而持续增加。随着人口结构、产业结构、技术水平等相关因素的改变，碳排放也会达到峰值，从而使碳排放与经济增长之间的强解耦成为可能[9]。目前对于碳排放与经济增长解耦问题的研究大多关注整体解耦状态，对解耦的驱动要素关注较少，而深层挖掘解耦效应及其成因，探索解耦的主要驱动因素，对于碳排放与经济增长强解耦的实现具有重要的理论意义。

由于不同区域工业化水平、城镇化水平以及经济增长阶段的不同，产业结构、人口结构以及经济特征也呈现出明显的差异。而受不同因素的影响，能源消费、碳排放以及经济增长之间的关系也会呈现出显著的区域特征[10]，其解耦关系和解耦驱动要素也会有所差别。同时，碳排放量在不同部门之间存在显著差异[11]，对于处于粗放型发展模式的地区来说，工业部门是碳排放的最主要来源部门，城镇化的快速发展使建筑业和交通运输业的碳排放量日益加大。随着人们生活水平的提高，批发零售业以及服务业的碳排放量也会经历快速的增长，使不同部门的解耦状态和驱动要素存在较大差异。因此，分析不同区域不同部门碳排放与经济增长之间的解耦关系，探索不同区域及部门解耦的成因与主要驱动要素，可以为区域低碳政策的制定提供依据，对实现区域低碳经济可持续发展具有重大意义。

1.1.4 区域差异化低碳政策实施的必要性

我国要实现 2020 年碳排放的减排目标，必须将国家层面的减排目标分解到区域层面，实施具有差异性的区域低碳政策，这是由不同地区发展的差异性和非均衡性所决定的[12]。因此，研究区域减排规律及其适用的低碳政策，对中国低碳经济的可持续发展具有重大现实意义。

中国在省级层面积极部署低碳经济规划，认真应对能源紧缺以及碳排放造成的气候变化问题。在此时代背景下，各省区市先后出台了煤炭工业发展规划、节能规划等相关政策法规文件，同时结合区域实际，进行了一系列低碳发展实践探索[13]。其中，低碳城市示范项目是区域低碳政策实施过程中的代表性项目之一。2008 年 1 月，世界自然基金会推出"低碳城市"发展示范项目，上海市和河北省保定市率先入选为试点城市。2008 年 7 月，浙江省杭州市在全国率先提出打造低碳城市的宏伟目标。2008 年 12 月，广东省珠海市提出申请成为"低碳经济示范区"。此外，昆明市、南宁市、株洲市、日照市、无锡市等多个城市，也纷纷提出建设低碳城市的战略构想。2010～2017 年，国家发展改革委先后发布了三批低碳试点省区和低碳城市。在此背景下，分析区域低碳试点政策的实施效果，探索影响效果的主要因素，寻求碳排放降低的主要途径，可以为试点城市今后的低碳发展路径提供科学的依据和参考[14]。非试点城市可以借鉴与自身经济水平、能源结构、产业结构等特征类似的试点城市的成功经验，制定符合自身发展规律和趋势的低碳政策，这对实现区域经济可持续发展具有重要的实践意义。

因此，在发展低碳经济的国际及国内背景下，各地区在保持经济发展水平稳定增长的同时，实行区域差异化低碳政策，将碳排放量控制在一定范围内，降低碳排放对环境变化所产生的影响，确保减排目标的顺利实现，不仅关系着区域能源、环境和经济的可持续发展，同时也是中国及全球社会协调发展的重要保障。

1.2
问题的提出

1.2.1 需要确定影响区域碳排放的关键因素

区域碳排放实际上是由若干影响因素所决定的一个整体系统。其中，各影响因素相互影响、不断变化，从而实现了区域碳排放的上升或下降。吴青龙等（2018）[15]认为区域碳排放影响因素间的相互作用对碳排放峰值具有重要影响。王少剑等（2018）[16]通过定量识别区域碳排放关键影响因素，制定了差异性减排政策。韦沁等（2018）[17]发现识别区域碳排放的关键影响因素有助于理解区域碳排放的差异性。因此，要减少区域碳排放，首先需要对区域碳排放的影响因素进行归纳筛选，然后识别出关键影响因素，作为优化和调整的关键。

碳排放关键影响因素的识别，不仅是分析区域碳排放的前提和基础，还是对区域低碳试点政策实施效果分析的基础。在区域减排实践中，针对关键影响因素给出减排路径，是实现区域减排目标的有效途径。

1.2.2　需要构建考虑部门因素的区域碳排放与经济增长的解耦模型

不同经济部门在不同发展阶段解耦状态有何特征？区域及各部门解耦的主要驱动因素是什么？部门要素对区域解耦的贡献如何？为了回答上述问题，需要构建考虑部门因素的区域碳排放与经济增长解耦模型。

目前，关于碳排放与经济增长解耦的研究已引起国内外学者的重视并取得了一些研究成果，刘博文等（2018）[18]通过实证研究发现产业结构和能源结构调整是区域实现解耦的重要途径。赵玉焕等（2017）[19]通过对京津冀碳排放解耦状态的对比，发现实现京津冀协同发展的主要减排压力来自河北省。孙叶飞和周敏（2017）[20]发现中国各区域碳排放解耦状态存在显著差异。但是已有的研究成果大多是针对国家层面或少数几个发达省份，其他区域的研究相对匮乏，未能区分部门解耦要素的差异性，也未能考虑部门因素对解耦的贡献程度。因此，需要构建一个考虑部门因素的区域碳排放与经济增长解耦模型，它不仅能够为部门解耦驱动要素的分析提供一个指导框架，还能够为深入研究区域碳排放奠定重要的基础。

1.2.3　如何分析区域低碳试点政策的实施效果

低碳试点政策的实施效果是否显著？哪些地区效果显著，哪些地区效果不显著？影响效果的主要因素是什么？试点政策在各年的实施效果有何特征？为了探索出适合本区域的减排路径，就需要对区域低碳试点政策的实施效果做出分析。

刘竹等（2011）[21]发现首批低碳试点省份均处于弱解耦状态，周泽宇等（2017）[22]从新增项目二氧化碳排放量角度进行了试点城市碳排放评价，但现有研究大多采用平均化的研究设计或简单的指标体系对低碳试点政策实施效果进行分析。虽然戴嵘和曹建华（2015）[23]、邓荣荣（2016）[24]、冯彤（2017）[25]运用了双重差分法分析低碳试点政策的减碳效果，但对对照组的选择缺乏客观性，而且得出的结论不尽相同，戴嵘和邓荣荣研究认为低碳试点政策显著降低了试点城市的碳排放量，而冯彤研究发现低碳试点政策使试点城市的碳排放强度上升了35%，这些结论不仅忽视了低碳试点地区内在的异质性，而且未考虑低碳试点地区选择时所存在的政策内生性问题。因此，针对不同试点地区，如何科学合理地选择对照组，并给出适合的政策效果分析方法进行深入研究。

1.2.4 如何制定区域碳排放的减排路径

在识别区域碳排放的关键影响因素、确定部门解耦的驱动要素、分析低碳试点政策实施效果后，如何基于结果的分析给出有针对性的减排路径，是需要研究的问题。

如何实现区域减排是一个复杂的系统问题，需要依据具有理论指导意义的研究框架对区域减排路径问题进行提炼和整理，形成科学的、系统的、有意义的问题体系，找出影响区域减排问题的根源所在[26]。班斓等（2015）[27]通过政策的情景分析考察适合中国环境污染减排的一般路径及差异化路径。姚晔等（2017）[28]基于环境生产技术效率的视角，发现不同地区、不同行业实现2030年的减排目标的路径差异非常明显。杨红娟和程元鹏（2016）[29]基于STIRPAT模型分析碳排放影响因素并提出减排路径。现有的针对区域减排路径的研究中，通常是针对碳排放影响因素给出宽泛的减排路径，相对缺乏系统性和针对性，这使在区域减排实践中，难以依据这样的减排路径制定适合本地区的、具体的减排对策。因此，需要依据区域碳排放关键影响因素、部门解耦的驱动要素及地区低碳试点政策实施效果分析结果，分别有针对性地给出区域减排路径。

1.3
研究目标与研究意义

1.3.1 研究目标

针对上述需要探讨或研究的问题，确定本书研究的总体目标为：按照"提出区域碳排放驱动要素、政策效果及减排路径研究的总体框架—构建区域碳排放影响因素模型—识别影响区域碳排放的关键因素—构建区域碳排放与经济增长的解耦模型—探析区域及部门碳排放解耦驱动要素—提出区域低碳试点政策实施效果分析方法—探究地区效果的主要影响因素—给出区域碳排放的减排路径"的思想框架，对区域碳排放驱动要素、政策效果及减排路径进行系统研究，丰富区域碳排放影响因素和解耦效应的理论体系，完善低碳试点政策实施效果分析方法，给出能够指导实践的区域减排路径。具体的研究目标如下：

（1）在理论方面，通过对低碳经济和解耦等相关理论的研究，提出区域碳排放驱动要素、政策效果及减排路径问题的总体研究框架，构建区域碳排放影响因素及解耦模型，识别影响区域碳排放的关键因素和部门解耦驱动要素。通过本书的研究，能够形成系统的思想体系，使相关理论成果能够指导实践。

（2）在技术与方法方面，给出区域碳排放测算、影响因素分析及预测方法，提出区域低碳试点政策效果分析方法。通过本书的研究，能够为区域碳排放驱动要素、政策效果及减排路径的研究提供具体的、适用的、可操作的技术方法，使各区域能够借鉴、使用相关研究成果，解决区域碳排放的实际问题。

（3）在实际应用方面，综合理论研究和技术方法研究成果，并将其运用于区域碳排放驱动要素、政策效果及减排路径的实证研究，以河北省为例，对碳排放关键影响因素及部门解耦驱动要素、低碳试点政策的实施效果以及减排路径进行系统分析和阐述，为其他区域碳排放的相关研究提供借鉴和指导，并验证本书的相关研究结论。

1.3.2 研究意义

本书对区域碳排放的驱动要素、政策效果及减排路径进行研究，对于丰富和发展区域碳排放相关研究的基本理论，指导区域碳减排路径的实践，解决区域减排过程中面临的问题，具有重要的理论和实际意义。

（1）理论意义。构建了区域碳排放影响因素的 STIRPAT 模型，为制定区域节能减排对策提供了理论指导。同时通过分析区域碳排放与经济增长之间的解耦关系及解耦驱动要素，特别是将解耦效应从部门和能源种类两个方面进行了完全分解，对各部门的不同解耦驱动要素对整体解耦状态的影响进行了讨论，在一定程度上丰富和完善了现有的关于解耦效应的理论体系，弥补了国内学者在区域解耦效应研究中较为薄弱的现状，从而在丰富和深化能源消费碳排放研究框架体系和方法层面具有较为重要的理论意义。而且，通过对低碳试点政策实施效果的分析，为今后低碳政策影响分析提供了一个模板，对现存相关研究起到了补充和启示的作用，为低碳城市的建设奠定了研究基础，为中国制定区域差异化减排路径提供了依据。

（2）现实意义。有助于区域根据碳排放的关键影响因素实施有针对性的减排措施，提高节能减排措施的可执行性和实现程度。将各部门碳排放与经济增长的解耦影响因素分解成经济水平、产业结构、能源强度、能源结构和能源排放系数五个方面，有利于区域进一步认清解耦的部门差异，进而对部门减排对策的制定提供了一定的实践指导。同时，政策效果分析方法为低碳政策效果的测度提供了量化依据，有助于客观、公正地评估低碳政策效果，从而为区域低碳城市建设提供了政策参考，有助于政府合理科学地制定相关配套政策和措施。

1.4
研究内容、研究思路与研究方法

1.4.1　研究内容

根据研究目标，确定本书的研究内容如下：

（1）区域碳排放的驱动要素、政策效果及减排路径总体框架。基于对低碳经济的内涵、特征与低碳城市，以及对解耦的概念、解耦指数测算模型与灰色系统模型的研究和梳理，提出区域碳排放驱动要素、政策效果及减排路径的总体研究框架。

（2）区域碳排放的关键影响因素识别方法。在文献综述的基础上，确定区域碳排放的影响因素，构建区域碳排放 STIRPAT 模型，提出区域碳排放关键影响因素的识别方法和识别依据，并给出区域碳排放的灰色 GM(1，1) 预测模型及精度检验方法。

（3）区域碳排放与经济增长的解耦模型。基于 LMDI 碳排放因素分解模型构建考虑部门因素的区域碳排放扩展 Tapio 解耦模型，通过对区域整体及其各部门解耦分指数的测算，进一步理解解耦的状态、驱动要素以及部门贡献。

（4）区域低碳试点政策实施效果的分析方法。考虑区域政策效果的异质性以及政策的内生性问题，给出分析区域低碳试点政策实施效果的两种方法，通过两种方法的对比及适用性分析，构建针对不同地区的低碳试点政策的实施效果分析模型。

（5）区域碳排放的减排路径。基于区域碳排放关键影响因素、部门解耦驱动要素及地区政策效果影响要素的分析，建立区域碳减排路径的研究框架，从要素、部门及地区 3 个角度及 14 个维度提出区域减排路径。

（6）实证分析：河北省碳排放的驱动要素、政策效果及减排路径。应用以上方法对河北省碳排放关键影响因素、部门解耦驱动要素以及地区低碳试点政策的实施效果开展研究，并提出了基于以上研究结果分析的河北省碳减排路径。

1.4.2 研究思路

本书按照"提出区域碳排放驱动要素、政策效果及减排路径研究的总体框架—构建区域碳排放影响因素模型—识别影响区域碳排放的关键因素—构建区域碳排放与经济增长的解耦模型—探析区域及部门碳排放解耦驱动要素—提出区域低碳试点政策实施效果分析方法—探究地区效果的主要影响因素—给出区域碳排放的减排路径"的总体思路开展研究工作，基本研究思路如图 1.1 所示。

下面对图 1.1 中所示内容加以阐述：

（1）分析区域碳排放的驱动要素、政策效果及减排路径的研究背景，提出针对区域碳排放驱动要素、政策效果及减排路径需要研究的问题。

（2）针对提出的研究问题，结合研究背景，明确研究目标及研究意义。

（3）为了实现研究目标，体现研究意义，确定相应的研究内容、研究思路和研究方法。

（4）梳理相关的理论研究成果，分析和总结已有研究成果的主要贡献与不足之处，从而为进一步明确要研究的问题并为本书后续的研究工作奠定基础。

（5）从一个系统的角度对区域碳排放的总体框架、关键影响因素、解耦模型、低碳试点政策实施效果的分析方法、碳减排路径等进行研究。

（6）进行一个实证分析，验证本书提出的理论与探索的方法。

（7）总结本书进行的主要研究工作和有关结论，指出目前研究尚存在的欠缺之处，并对未来将要开展的研究工作进行展望。

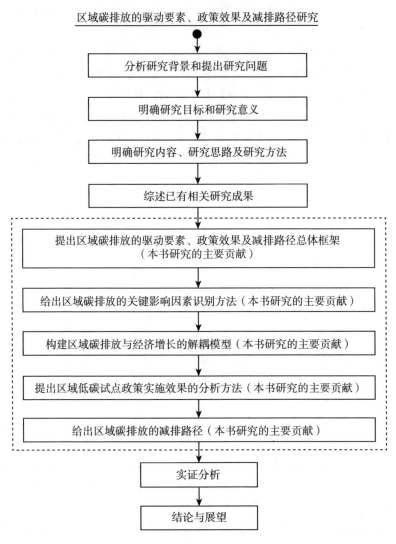

图 1.1　本书的研究思路

1.4.3　研究方法

根据本书研究内容的特点，在研究工作中采用的研究方法如图 1.2 所示，具体内容阐述如下：

（1）文献分析法、归纳和演绎方法。针对区域碳排放驱动要素、政策效果

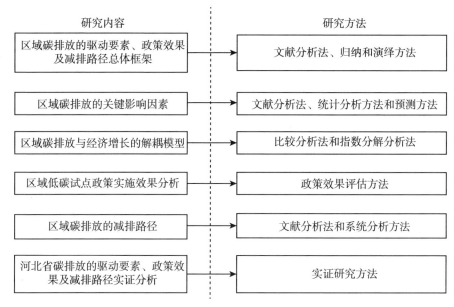

图 1.2 研究内容与研究方法的对应关系

及减排路径的总体框架，主要采用文献分析法、归纳和演绎的研究方法。通过对低碳经济理论、Kaya 理论、解耦理论及灰色系统理论的综述和分析，并结合区域碳排放相关研究实践，综合归纳出区域碳排放驱动要素、政策效果及减排路径的总体研究框架。

（2）文献分析法、统计分析方法和预测方法。针对区域碳排放的关键影响因素，首先通过文献综述，经过系统的分析，总结分析出区域碳排放的影响因素；其次给出区域碳排放的关键影响因素识别方法；最后给出区域碳排放的灰色预测方法。

（3）比较分析法和指数分解分析法。针对区域碳排放与经济增长解耦模型的建立，采用比较分析法选取适合本书研究的因素分解方法；然后通过指数分解分析法，分解出区域整体及部门的解耦驱动要素。

（4）政策效果评估方法。针对区域低碳试点政策的实施效果，采用基于双重差分法或合成控制法的政策效果评估方法对适用的试点城市的减碳效果进行分析，进而判断影响效果的主要因素。

（5）文献分析法和系统分析方法。针对区域碳排放的减排路径，依据区域碳排放关键影响因素、部门解耦驱动要素及试点地区减碳效果的分析结果，构建区域碳减排路径研究框架，并借鉴已有文献中的研究成果，通过系统分析，给出针对要素、部门及地区的区域碳减排路径。

（6）实证研究方法。针对河北省碳排放的驱动要素、政策效果及减排路径实证分析的需要，采用了实证研究方法，验证本书提出的理论和方法。

1.5
本书结构

本书由9章构成，具体结构说明如下：

第1章，绪论。主要阐述本书的研究背景，提出需要探讨或研究的问题，明确本书的研究目标及研究意义，确定研究内容、研究思路及研究方法，并且给出本书的章节安排。

第2章，区域碳排放相关研究文献综述。介绍文献来源与检索途径以及检索过程和检索方法，并着重针对区域碳排放影响因素及预测、区域能源消费、碳排放与经济增长解耦关系和低碳政策实施效果及减排路径三个方面文献进行综述，总结已有文献的贡献和不足。

第3章，区域碳排放研究的基本理论及总体框架。首先，阐述低碳经济理论、Kaya理论、灰色系统理论和解耦理论；其次，提出区域碳排放的驱动要素、政策效果及减排路径总体框架并分析其内在联系。

第4章，区域碳排放的测算及关键影响因素识别方法。首先，给出区域碳排放的测算方法；其次，通过构建基于STIRPAT的碳排放影响因素模型，给出区域碳排放关键影响因素的识别方法和识别依据；最后，构建区域碳排放的灰色GM(1,1)预测模型。

第5章，区域碳排放与经济增长解耦模型。构建基于LMDI部门因素分解的区域碳排放扩展Tapio解耦模型，分析区域整体及部门的解耦状态及解耦驱动要素。

第6章，区域低碳试点政策实施效果的分析方法。给出低碳政策效果分析的两种方法并将两者进行对比，根据适用性分别给出基于双重差分法和合成控制法的政策效果影响分析过程。

第7章，区域碳排放的减排路径。根据区域碳排放关键影响因素、部门解耦驱动要素和试点地区政策效果分析结果，构建区域碳减排路径的研究框架，基于要素、部门及地区3个角度及14个维度给出区域碳排放的减排路径。

第8章，河北省碳排放的驱动要素、政策效果及减排路径。首先，介绍和分析河北省经济增长、能源消费与碳排放现状；其次，使用本书给出的区域碳排放关键影响因素、部门解耦驱动要素和地区低碳试点政策实施效果分析方法，进行河北省碳排放驱动要素及政策效果的分析；最后，给出不同角度不同维度的减排路径。

第9章，结论与展望。分别总结本书的研究工作及结论，指出本书的主要贡献、研究的局限以及进一步需要开展的研究工作。

1.6
符号及用语的说明

由于本书使用的符号、变量和参数比较多，因此，在全书的撰写过程中，对每章不同研究问题用到的参数和变量均重新定义。在同一章节的同一研究问题中，表示各参数和变量的数学符号都具有一致的含义，而不同研究问题之间的数学符号没有联系。

第2章

区域碳排放相关研究文献综述

随着社会和经济的不断发展，资源短缺、能源匮乏、环境恶化以及全球变暖等问题日益严重，国内外专家学者从科学研究角度对碳排放问题进行了越来越深入的探索，并取得了大量的成果，不同的理论、研究模型和方法被不断地提出和完善，这些研究的思想和结论是本书后续研究的重要基础。本章主要针对已有的相关研究进行回顾和评述。

2.1
文献检索情况概述

2.1.1 文献检索范围分析

为了明确文献的综述范围，这里首先对区域碳排放的发展历史和脉络进行分析，从而进一步确定本书研究主题的范畴和所需的相关文献。

经归纳分析，区域碳排放的研究主要涉及影响因素、解耦关系、减排路径三个方面。其中，影响因素主要是对影响碳排放的主要因素和碳排放预测的研究；解耦关系则是对能源消费、碳排放与经济增长之间的解耦效应进行研究；减排路径是对低碳政策的效果和碳减排路径进行分析。

综上所述，本书主要从以下三个方面进行相关研究文献的综述：一是关于区域碳排放影响因素及预测的文献；二是关于区域能源消费、碳排放与经济增长解耦关系的文献；三是关于低碳政策实施效果及减排路径的文献。下面进行文献的检索情况概述。

2.1.2　相关文献情况分析

在文献检索中，中文以区域碳排放、碳减排、驱动要素为题名或者关键词，英文以 Regional Carbon Emission、Carbon Reduction、Driving Factors 作为题名或者关键词进行检索。检索数据库主要使用了 PQDT 学位论文数据库、中国学术期刊网全文数据库（CNKI）、美国运筹学与管理学会 Informs 平台（包括 12 种全文期刊）、Wiley Inter Scinece 期刊数据库、Springer LINK 全文期刊数据库、Kluwer 全文期刊数据库、Elsevier Science（ScienceDirect）和 IEL 全文数据库。

截至 2018 年 5 月 30 日，从中英文数据库中检索到上述主题的中文和英文一般相关文献数量以及与本书研究密切相关的文献数量如表 2.1 所示。表 2.1 中对检索条件进行了列举和说明。通过对这些国内外文献的进一步浏览与分类，并依据本书的研究需要，对区域碳排放影响因素及预测、区域能源消费、碳排放与经济增长解耦关系和低碳政策实施效果及减排路径三个方面进行文献的简要回顾和评述。

表 2.1　　　　　　　　　　　　相关文献检索情况

检索源	检索词	篇数	相关文献篇数	检索条件	时间
cnki	区域碳排放/碳减排/驱动要素	539	70	题名/关键词	2006 – 2018
Elsevier Sci-ence	Regional Carbon Emis-sion/Carbon Reduction	344	56	Title/Keywords	1978 – 2018
Informs	Regional Carbon Emis-sion/Carbon Reduction	32	21	Title	2001 – 2018
Wiley Inter-Scinece	Regional Carbon Emis-sion/Carbon Reduction	23	9	Article title/Keywords	2002 – 2018
Springer	Regional Carbon Emis-sion/Carbon Reduction	128	35	Title/Keywords	All to present
IEL	Regional Carbon Emis-sion/Carbon Reduction	321	39	Title	All to present
Kluwer	Regional Carbon Emis-sion/Carbon Reduction	19	7	Title	1987 – 2018
PQDT	Regional Carbon Emis-sion/Carbon Reduction	31	5	Title/Keywords	2001 – 2018

2.1.3 学术趋势分析

为了确定以区域碳排放为主题的相关研究趋势，本书以 CNKI 知识搜索中的"学术趋势"为工具，对相关研究进行了学术趋势分析。图 2.1 展示了以区域碳排放为主题的学术关注度。

从图 2.1 可以看出，自 1997～2017 年，相关研究主题的学术关注度呈现出比较明显的上升趋势，这说明关于区域碳排放的研究是一个逐渐受到关注的热点问题，进而说明了本书研究的价值和意义。

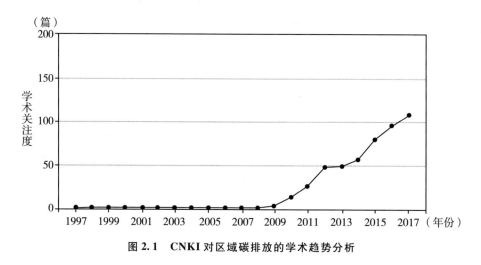

图 2.1　CNKI 对区域碳排放的学术趋势分析

2.2
关于区域碳排放影响因素及预测的研究

在碳排放影响因素的研究中，大多是针对某一个影响因素或某几个影响因素进行研究，也有一些学者，致力于将碳排放的影响因素进行分解分析，Kaya 理论、因素分解法和 STIRPAT 模型是最常用的研究碳排放影响因素的方法。能源碳排放预测也是学者们关注的问题，各国学者采用灰色系统、神经网络及回归分析等不同模型和方法做了大量的预测，也得出许多研究成果。

2.2.1　基于 Kaya 和因素分解方法的碳排放影响因素研究

日本学者 Kaya (1989)[30]提出了 Kaya 恒等式，该恒等式反映了能源结构碳强度、人均国内生产总值、单位 GDP 能源强度对二氧化碳排放量的影响情况，它将宏观总体因子之间以简单的数学关系加以描述，考察国家层面温室气体排放量变化的影响因素，从中可以发现以上不同影响因素对碳排放的不同影响力。Kaya 恒等式得到了学术界广泛的认可和推广，后来被广泛地应用于能源消费碳排放的核算和因素分解等问题上，为定量观察人类经济与社会活动与温室气体排放之间的关系做出了贡献。Kaya 理论在很多国外及国内的研究中都得到了比较广泛的拓展与应用，有些文献在 Kaya 理论中引入其他驱动因素进行分析，如林伯强和刘希颖 (2010)[31]引入城市化率为解释变量，直接代替等式中的总人口因子，得出影响中国碳排放总量的因素显著水平从大到小依次为人均国内生产总值、能源强度、能源消费碳强度和城市化水平。任晓松和赵涛 (2014)[32]以扩展型 Kaya 公式为视角，采用多变量协整和向量误差修正模型测算了中国碳排放强度及其影响因素之间的长期均衡和短期波动关系，在此基础上检验了其相互间格兰杰因果关系，结果表明我国碳排放强度与能源消费结构、能源强度和产业结构之间存在协整关系，碳排放强度是能源消费结构、产业结构的格兰杰原因，能源强度和产业结构是能源消费结构的格兰杰原因，碳排放强度和能源强度之间存在双向的格兰杰因果关系。

更多文献将 Kaya 与指数分解法相结合进行碳排放影响因素的分析。如 Duro 和 Padilla (2006)[33]使用了 Theil 指数分解法，证实 Kaya 因素中引起不同国家人均碳排放差异的最重要因素是人均收入，其次为能源消费碳强度与能源强度。陈诗一 (2011)[34]将 Kaya 与二次分解的方式相结合对工业领域的二氧化碳排放强度分行业和能源种类进行分解，发现能源强度降低或者能源生产率的提高是二氧化碳排放强度波动性下降的主要且直接的决定因素，能源结构和工业结构调整也有利于碳排放强度降低。朱勤和魏涛远 (2013)[35]通过对 Kaya 恒等式向量形式的扩展，将人口城乡结构及城乡居民消费等变量纳入考察范围，采用 LMDI 方法将碳排放变动分解为人口规模、人口城镇化、居民消费、消费抑制、能源强度及排放因子六种效应，发现居民消费对碳排放增长的贡献率远高于其他五种效应，人口城镇化对碳排放增长的驱动力已持续超过人口规模的影响，居民消费率的降低由于伴随着投资与出口等相对高碳的经济成分比重的同步上升，对碳排放的驱动作用大于抑制作用，能源强度的持续下降对碳减排的作用明显，能源结构调整的减排效应尚未得到显著体现。曲建升等（2014）[36]基于 Kaya 恒等式基本原理，采用 LMDI 分解法构建一个包括能源消费碳排放强度、消费结构、城乡消费比重、消费水平、经济水平和城乡结构在内的居民人均生活碳排放驱动因素分解模型，发现消费水平、经济水平、消费结构、城乡结构、城乡消费比重因素效应对我国城镇居民人均生活碳排放的影响均大于对我国农村居民人均生活碳排放的影响，消费水平、经济水平、消费结构因素对我国城乡居民人均生活碳排放的影响最为明显，城镇人口效应对城镇居民人均生活碳排放量的减排意义重大，而农村人口效应导致农村居民人均生活碳排放量的增加，城乡结构变化会带动居民人均生活碳排放的变化，随着时间推移城乡结构达到一定程度，我国城乡居民人均生活碳排放的变化也相对稳定。武义青和赵亚楠（2014）[37]以 Kaya 等式的扩展式为基础，建立 LMDI 分解模型，对京津冀碳排放影响因素进行无残差分解，区分其碳排放的地区异质性，结果显示北京市呈现碳排放量规模驱动型特征，天津市和河北省的碳排放均呈现规范结构混合驱动型特征。王常凯和谢宏佐（2015）[38]将 Kaya 与 LMDI 相结合，考虑电力生产过程以及电力输配环节和电力终端消费活动对碳排放的影响，把中国电力碳排放增长分解为排放因子、能源结构、电力结构、转换效率、输配损耗、经济规模、人口规模、产业结构、电力强度、生活消费等 10 个影响因素，结果表明经济规模是促使电力碳排放增长的最大因素；以工业为主的产业结构使电力消费增加，驱动了电力碳排放增长；生活消费也是电力碳排放增加的重要影响因素；人口规模、输配损耗、能源结构、电力结构、排放因子等因素也是正向效应，但影响程度较小；产业部门电力强度下降和能源转换效率提高是抑制电力碳排放增长的最重要因素；电力结构也抑制了电力碳排放增长，但影响程度较小。王长建等（2016）[39]采用 Kaya 与 LMDI 完全分解模型解析了不同发展时期广东省能源消费碳排放的主要驱动因素，发现经济增长效应和人口规模效应是广东碳排放增长的最主要贡献因子；能源强度效应是遏制广东碳排放增长的重要贡献因子，能源结构效应和技术进步效应在不同发展阶段对广东省碳排放增长的作用机制各不相同，未有充分发挥其遏制碳排放增长的重要作用。王喜等（2016）[40]基于 Kaya 与 LMDI 模型对我国不同尺度区域的碳排放增长的影响因素进行分解，研究发现我国碳排放总量及人均碳排放持续增长且空间差异明显，碳排放强度、产业结构、经济发展和人口增长是影响我国碳排放变化的主要因素，降低碳排放强度对抑制我国碳排放增长效果显著，经济发展是造成我国碳排放量较快增长的主要因素，产业结构调整对碳排放增长的影响较小，人口增长对碳排放增长具有一定的促进作用；不同研究时段、不同区域的经济发展水平、能源结构、产业结构各不相同，各影响因素的作用及贡献率存在较大差异。

2.2.2 基于 STIRPAT 模型的碳排放影响因素研究

自 Ehrlich 和 Holden（1971）[41]提出 IPAT 模型，Dietz 和 Rosa（1994）[42]对 IPAT 模型进行优化而提出人口、富裕和技术的随机回归影响模型 STIRPAT（Stochastic Impacts by Regression on Population、Affluence and Technology）后，STIRPAT 模型转变成研究碳排放量影响因素的重要工具。York 等（2003）[43]对 IPAT、ImPACT 和 STIRPAT 这三种模型的关系及相关概念进行了探讨，并通过研究生态弹性的概念，对 STIRPAT 模型进行了提炼。通过计算人口、财富以及其他碳排放和能源足迹影响因素的生态弹性，发现人口对碳排放和能源足迹成比例，财富对这两项的影响呈指数形态。Kwon（2005）[44]利用 IPAT 模型，以英国为例发现富裕度是导致二氧化碳排放量增加的关键因素。Lin 等（2009）[45]运用 STIRAPT 模型发现人口是环境影响的最重要因素，其次分别是城市化率、产业化水平和单位 GDP 碳排放。Jia 等（2009）[46]使用 STIRPAT 模型和 PLS 方法研究河南省碳排放影响因素，发现人口、人均 GDP、人均 GDP 的二次方以及城市人口比例是碳排放的主要推动力量，其中人口占主导地位。林伯强和蒋竺均（2009）[47]基于国内尚未有对中国二氧化碳排放拐点和预测进行研究的现状，采用协整方法和马尔科夫概率分析法分别预测一次能源和能源结构，同时结合 LMDI 和 STIRPAT 模型并根据预测结果分析中国二氧化碳理论拐点是否存在，结果发现中国二氧化碳库兹涅茨曲线的理论拐点与实证预测不符，除了人均收入外，能源强度、产业结构和能源消费结构都对二氧化碳排放有显著影响，特别是能源强度中的工业能源强度。Liddle 和 Lung（2010）[48]基于 STIRPAT 模型以发达国家为研究对象，探讨了人口年龄结构对交通、居民能源和用电消费碳排放的影响，通过对人口以年龄分为三个组群，发现不同年龄段对这三个因素的影响不同，而老年人对这三个因素均呈现负影响。Cheng 等（2018）[49]、李国志和李宗植（2010）[50]、Dong 和 Yu（2018）[51]分别从不同区域分析了城市化水平、经济及技术对碳排放的影响。宋德勇和徐安（2011）[52]利用 STIRPAT 模型对城镇碳排放和造成区域差异的因素进行了分析，结果表明城镇碳排放是中国整体碳排放量的主要来源。宋杰鲲（2011）[53]借鉴 STIRPAT 模型，选取人口、城市化率、人均 GDP、工业化水平、第三产业增加值占 GDP 比例、能源消耗强度、煤炭消费比例、石油消费比例等八项因素作为自变量，运用偏最小二乘回归方法构建了我国碳排放预测的 STIRPAT 模型，并结合拟合模型分析了各因素对碳排放的解释作用，指明了碳减排应重点关注的因素。Shao 等（2011）[54]基于能源相关产业碳排放（ICE）的 STIR-

PAT 模型，对上海 ICE 的研究表明人均产出与 ICE 之间呈现倒 "N" 形曲线关系，能源效率要比研发强度对 ICE 有更为有效的控制。Roberts（2011）[55] 运用 STIRPAT 模型研究发现，人口和富裕度都是造成美国西南地区二氧化碳排放量增加的重要原因。Wang 等（2011）[56] 为实现 2020 年中国碳减排 40% ~ 45% 的目标，构建了上海闵行地区的低碳情景模式，通过 STIRPAT 模型探究地区的二氧化碳排放量的驱动因素，发现提高人口、富裕度和城市化率水平会提高二氧化碳排放量。Li 等（2011）[57] 使用 Path – STIRPAT 对影响中国碳排放的因素进行了分析，结果表明在直接影响规模上，财富和技术水平的影响最大，而从总的影响来说，财富与城市化水平的影响最大。陈志建和王铮（2012）[58] 运用 STIRPAT 模型及地理加权回归方法（GWR）研究了中国区域碳减排压力与各驱动因素的关系，研究表明两者之间呈现出一种局域性特征。Hubacek 等（2012）[59] 研究发现自 1970 年年底以来，富裕度水平提高所带来的碳排放量增加效果远远超过了技术水平降低二氧化碳排放量的效果，人口因素对碳排放量的影响非常小，而城乡间生活水平的差异对碳排放量的影响也较为不同，城市生活方式大大促进了碳排放量的增加。Zhang 和 Lin（2012）[60] 在国家和地区层面上使用 STIRPAT 模型分析了城市化对能源消费和碳排放的影响，结果表明城市化加重了能源消费和碳排放水平，这种影响在中部地区相比东部地区更为严重，而东部地区城市化对能源消费的影响要高于其对碳排放水平的影响。Li 等（2012）[61] 使用 STIRPAT 模型探讨了中国各区域的差异对其碳排放的影响，结果表明人均 GDP、产业结构、人口、城市化水平和技术水平依然是碳排放的主要影响因素，在大部分地区，GDP 和城市化水平相对其他因素对碳排放有更大的影响。Meng 等（2012）[62] 以中国 "十二五" 规划作为研究期间，利用 STIRPAT 模型研究人口因素、富裕度因素和技术水平与二氧化碳排放量之间的关系，发现必须降低煤炭能源消耗或用无化石能源代替煤炭使用，控制车辆的使用数量，同时需要调整产业结构才能降低二氧化碳排放量。Wang 等（2012）[63] 基于改进的 STIRPAT 模型对北京的碳排放影响因素进行了实证分析，结果表明城市化水平、经济水平和工业比重对碳排放有正影响，而三次产业比重、碳排放和研发产出对碳排放有负影响，且随人均 GDP 的增加，碳排放水平不遵循库兹涅茨曲线规律。焦文献和陈兴鹏（2012）[64]、张乐勤等（2012）[65] 基于 STIRPAT 模型，对能源消费碳排放驱动因子进行定量研究。张丽峰（2013）[66] 运用碳生产率和解耦指数分析了碳排放与经济增长的短期静态关系和长期动态关系，并利用 STIRPAT 模型分析了北京碳排放的影响因素，结果表明北京碳排放与经济增长之间存在倒 "U" 形关系，拐点为人均 GDP 为 34423 元；北京处于弱解耦状态，解耦指数与其经济发展阶段比较吻合；经济发展水平对北京碳排放的影响最显著，其次是能源利用效率，能源消费结构的影响较小。Wang 等（2013）[67]基于扩展的 STIRPAT 模型，采用岭回归分析了 1980～2010 年广东省人口、经济水平、技术水平、城市化水平、工业化水平、能源消费结构和外贸开放度等因素对碳排放的影响，结果表明人口、城市化、经济水平、工业化水平能够增加碳排放，而技术水平、能源消费结构和外贸开放度可以降低碳排放。Liddle（2013）[68]采用 STIRPAT 模型分析了私人交通能源消耗、人口、收入和城市化率之间的关系，研究发现城市化率与私人交通能源消耗呈负相关，提高能源价格和购车成本也能够抑制私人交通能源消耗量的增长。Yue 等（2013）[69]采用 STIRPAT 模型和情景分析相结合的方法，分析了经济增长、人口增长、能源强度和可再生能源消费比例对中国江苏省二氧化碳排放的影响，并给出了碳减排的优化路径。Brizga 等（2013）[70]采用 STIRPAT 模型对苏联的碳排放驱动因素进行了分析，发现不同时期各驱动力因素的影响效果存在差异。在经济繁荣时期，降低能源强度能有效减少碳排放；而在经济萧条时期，只有通过降低经济发展速度和化石能源消耗来实现碳减排的目标。Liddle（2013）[71]在 STIRPAT 框架下运用面板协整模型分析了城市人口和人均 GDP 对碳排放的影响，结果表明人均 GDP 是造成全球中低收入国家碳排放增加的主要原因，对发达国家而言，城市人口和人均 GDP 对碳排放影响不大。Zhang 和 Nian（2013）[72]采用 STIRPAT 模型和面板回归模型分析了中国区域层面交通部门的碳排放影响因素，结果发现电气化水平对降低二氧化碳排放有着显著作用，而能源效率的抑制作用非常有限，原因是经济增长和人口增加对碳排放的正向拉动作用过强。Bargaoui 等（2014）[73]以全球 161 个国家为研究对象，采用 STIRPAT 模型分析经济增长、城市化水平、能源强度和京都议定书规定义务对碳排放的影响关系，发现四个影响因素效果都很显著，其中京都议定书规定义务对碳排放的影响通过税收水平来体现。Salim 和 Shafiei（2014）[74]采用 STIRPAT 模型分析了 OECD 国家城市化水平对可再生能源和非可再生能源消费量影响，结果发现人口总量和城市化水平对非可再生能源有显著的正向影响，而只有人口总量对可再生能源有显著影响。刘丽辉和徐军（2016）[75]在变形的 Kaya 恒等式基础上，利用扩展的 STIRPAT 模型分析广东农业碳排放强度的影响因素，结果显示城镇化水平、农业人口规模与广东碳排放强度显著正相关，农业生产效率的提高有利于实现广东农业碳减排，农业经济发展水平与广东碳排放强度呈正"U"形曲线关系，且已越过阶段较低点处于上升态势，种植业在农业中的比重、农业自然灾害程度与广东农业碳排放强度显著正相关。Ma 等（2017）[76]基于 STIRPAT 模型分析了中国公共建筑领域的碳排放影响因素，进而衡量减排效果。Wang 等

(2017)[77]采用 STIRPAT 模型，定量分析了新疆与能源相关碳排放的驱动因素。Shuai 等（2017）[78]利用 125 个城市的面板数据分析了碳排放的关键影响因素。

2.2.3 基于灰色系统模型、神经网络及回归分析等方法的能源碳排放预测研究

国外对能源碳排放的预测大多建立在假设和经济分析的基础之上，并以假设的经济分析条件为基础对能源系统进行预测，然后在执行的过程中根据出现的不同情形对其进行调整和完善。许多学者采用不同的预测方法和模型对不同国家的能源系统进行预测。Christodoulakis 等（2000）[79]考虑了社区影响的因素，对希腊的二氧化碳排放和能源消耗进行了预测。Weber 和 Perrels（2000）[80]分别采用投入产出模型和情景分析模型研究了能源需求和温室气体排放影响因素问题。Kang（2003）[81]采用不同的预测模型对美国经济时间序列数据进行多周期预测。Frame（2005）[82]运用一个简单模型对非住宅楼宇每年的能源消费和二氧化碳排放量进行了评估，给对环境敏感的建造设计者提供了很好的参考依据。Tsekouras 等（2007）[83]运用非线性多变量回归模型对电力系统中长期的能源需求进行预测。Adams 和 Shachmurove（2008）[84]基于能源平衡表建立了计量经济模型预测了中国 2020 年能源消费和能源进口量。Abdel – Aal（2008）[85]运用人工神经网络建立单因素预测模型对能源需求月度数据进行预测。Vuuren（2009）[86]分别用自上而下和自下而上的方法估算了全球温室气体存在的减排潜力。Kazemi 等（2012）[87]运用多层次模糊线性回归模型对伊朗工业能源需求进行预测。Suganth 和 Samuel（2012）[88]对能源需求模型进行综述，主要阐述了时间序列模型、回归模型、计量经济模型、分解模型、单位根检验和协整模型、ARIMA 模型、专家系统和人工神经网络模型、灰色预测模型、投入产出模型、遗传算法、粒子群优化模型、贝叶斯向量自回归模型、MARKAL 模型等。Mestekemper 等（2013）[89]提出一种以天为周期的能源需求预测方法，并对比分析了周期自回归模型和动态因子模型在能源需求预测上的应用。

随着国外对能源碳排放预测问题研究的不断深入，国内也涌现出许多学者对该问题进行研究，他们用各种方法和理论对我国能源碳排放系统的相关问题进行了大量的分析和预测，并取得了相应的研究成果，其中主要是采用灰色系统模型、BP 神经网络、马尔科夫链模型、回归分析法、遗传算法熵值法、ARMA 模型等进行组合优化分析。冯述虎和侯运炳（2003）[90]利用 BP 神经网络的基本原理建立了时序—神经网络模型，并对能源产量进行预测。卢奇等（2003）[91]组合运用了灰色预测、神经网络和多元线性回归方法对我国未来 20 年能源消费系统

进行预测。李亮等（2005）[92]结合省能源消费的统计数据，考虑能源消费系统的特点，采用灰色系统和神经网络组合方法建立预测模型，并对组合权重进行优化。王会强和胡丹（2007）[93]利用 ARMA 模型和灰色系统预测模型建立了组合优化模型，并对模型的有效性进行分析。张淑娟和赵飞（2008）[94]应用合作博弈中的 Shapley 值方法，通过分配总误差来确定组合预测模型中各预测模型的权重，以此构建组合预测模型并对山西省农机总动力进行组合预测。孙爱存（2008）[95]把因子分析法引入我国能源产量预测的模型中进行综合评判，从中选出最佳的预测方法和模型。周强（2009）[96]运用灰色马尔科夫链预测模型对我国每年的能源需求量进行预测。谢妍和李牧（2009）[97]结合省份的能源消费数据，在灰色系统的基础上引入遗传算法对其进行优化，然后对能源进行预测。林伯强和蒋竺均（2009）[47]利用传统的环境库兹涅茨模型模拟与在二氧化碳排放预测的基础上预测两种方法，对中国的二氧化碳库兹涅茨曲线做了对比研究和预测，发现结果存在较大差异。朱晓曦和张潜（2010）[98]提出了基于 Shapley 值的农业总产值的组合预测方法，结果发现该方法可有效提高农业总产值的预测精度。索瑞霞和王福林（2010）[99]采用灰色系统、三次指数平滑模型和 BP 神经网络组合优化预测模型对能源消费量进行预测。孙涵等（2011）[100]建立基于 Matlab 技术的 SVR 能源预测模型预测了 2010 年和 2020 年的能源需求量。陶然等（2012）[101]对国内外现有的能源预测模型进行分析，在此基础上指出存在的缺陷和不足，并对能源预测建模的关键问题进行了研究。赵爱文和李东（2012）[102]利用灰色模型选取 2002～2009 年中国碳排放数据，对中国短期的碳排放进行了预测，提出提高能源效率，发展非化石能源、发展低碳经济来降低碳排放的措施。黄金碧和黄贤金（2012）[103]运用灰色预测方法预测 2008～2020 年江苏省城市碳排放强度。张传平等（2012）[104]运用灰色预测模型预测了中国 2015 年能源结构、二氧化碳排放总量以及能源消费，结果发现与 2010 年相比中国 2015 年单位二氧化碳排放下降 17.4%。秦晋栋（2012）[105]运用熵值法与灰色系统相结合的方法建立组合预测模型，并运用该模型对湖北省 2011～2015 年的能源需求量进行预测。赵息等（2013）[106]在论述离散二阶差分方程预测模型（DDEPM）推导过程的基础上，应用 DDEPM 方法，借助 Matlab 软件预测中国 2020 年碳排放的碳排放量，并估算 1984～2009 年碳排放预测值的误差率。王彦彭（2013）[107]基于回归与 ARMA 组合模型、STIRPAT 模型对不同情景下"十二五"时期河南省能源消费碳排放量和碳排放强度进行预测。曹昶和樊重俊（2013）[108]运用基于正弦函数变换的 GM（1，1）模型对上海市碳排放量进行了预测。任晓松和赵国浩（2014）[109]采用灰色预测 GM（1，1）模型预测了工业碳排放、人口规模、人均工业产值和工业技术水平 2011～2020 年的未来值, 为控制未来工业碳排放量提供数据参考。王东和吴长兰（2015）[110]采用灰色 GM（1，1）模型对广东未来的碳排放趋势进行预测, 结果表明, 如不转变发展方式, 广东进一步减排的潜力有限。彭鹃等（2015）[111]采用灰色 GM（1，1）模型对中国短期碳排放福利绩效进行预测, 结果表明中国碳排放福利绩效呈逐年下降趋势, 驱动中国碳排放福利绩效的主要因素是能源排放比率, 所有年份的可持续发展效应小于 0, 表现出抑制作用, 到 2015 年中国减排形势严峻。马海良等（2016）[112]基于公平原则、效率原则和溯往原则三个分配视角建立碳排放分配模型, 根据九种不同的分配情景对我国 2020 年碳配额分配展开预测研究, 结果显示, 溯往原则视角会增加我国碳排放分配总额, 且对资源丰富的省市影响较大; 效益原则视角对我国碳排放分配的影响略小于溯往原则视角, 主要影响东部等发达区域分配的碳配额量; 而公平原则视角对我国分配的碳配额总量影响较小。顾剑华和秦敬云（2016）[113]基于 Logistic 模型对中国城市化发展趋势进行了预测。王永哲和马立平（2016）[114]利用 GM（1，1）模型对吉林省 2016～2018 年人均碳排放量进行了预测, 预测结果显示, 各相关影响因素在保持现状的情况下, 能源消费人均碳排放量未来将会以更高的年均增长速度持续增长。唐德才和吴梅（2016）[115]进行灰色 GM（1，1）预测和多项式组合预测, 并对预测数据进行 LMDI 分解分析, 结果表明, 2013～2020 年江苏省碳排放量仍会持续增加; 人口、产业结构和能源强度的变动都会带动碳排放增长; 经济增长仍是未来碳排放量不断增加的主要推动因素, 而能源效率提升将在很大程度上减缓未来碳排放增长趋势; 产业结构对未来碳排放增长的抑制作用逐渐增强, 而能源消费结构对未来碳排放增长的抑制作用逐渐削弱甚至消失。

2.3

关于区域能源消费、碳排放与经济增长解耦关系的研究

国内外众多学者对能源消费与经济增长、碳排放与经济增长之间的解耦关系进行了大量的研究, Juknys（2003）[116]应用 OECD 模型从初级解耦与次级解耦角度出发分析立陶宛的解耦情形, Tapio（2005）[117]利用弹性解耦研究方法研究了欧洲的交通业运输量与经济增长之间、温室气体排放与经济增长之间的弹性解耦状态, 自此之后, Tapio 解耦模型就成为研究解耦关系的主要方法之一。

2.3.1　能源消费与经济增长之间的解耦研究

学者们利用 Tapio 模型对中国及其各省区市能源消费与经济增长之间的解耦关系进行了大量地研究，发现了各省区市能源解耦的差异性。杨振（2011）[118] 通过计算各省区市能源消费和经济发展的解耦临界值和解耦潜力，发现各省区市解耦潜力存在显著差异，区域经济发展水平对解耦潜力具有较大影响。陈浩和曾娟（2011）[119] 建立 Tapio 解耦模型分析武汉市经济增长与能源消耗的解耦问题，发现 1996～2008 年能源消耗的波动引起解耦值的剧烈波动。梁日忠（2014）[120] 以 Tapio 解耦弹性指标为手段研究上海市能源消费结构、产业结构与经济增长的解耦关系及程度，结果发现，上海市经济增长与能源消费总量之间总体上处于弱解耦状态；在能源消费结构中，煤炭、石油、电力在大多数年份都处于弱解耦状态，天然气则属于扩张负解耦状态；在产业结构中，第一、第三产业都未能较好实现解耦，第二产业以弱解耦状态为主。关雪凌和周敏（2015）[121] 通过建立解耦模型，发现中国 1980～2012 年城镇经济及产业与能源消费之间呈现"弱解耦"状态，并提出调整城镇产业结构、提高城镇用能效率和建立城镇居民健康消费模式来促进中国城镇化进程中经济增长与能源消费实现"强解耦"。王笑天等（2016）[122] 通过解耦分析研究河南省能源消费与经济增长的动态关系，结果发现能源消费与经济发展总体上呈弱解耦关系，并呈现出向强解耦转变的趋势。Wang 等（2017）[123] 采用计量经济学的方法发现广东能源消费与地区 GDP 处于弱解耦状态。

2.3.2　碳排放与经济增长之间的解耦研究

近年来，碳排放与经济增长之间解耦关系的研究成为国内外学者们关注的焦点问题，众多学者建立 Tapio 模型从不同区域、不同部门以及不同角度探讨了碳排放解耦的特征及状态。Lu 等（2007）[6] 研究了德国、日本、韩国等国家的碳排放与经济增长的解耦关系。庄贵阳（2007）[124] 采用解耦指标分析了全球 20 个温室气体排放大国（包括中国）在不同时期的解耦特征。李忠民等（2010）[125] 将弹性解耦分析框架引入低碳测评中，构造了产业低碳化的因果链，并实证分析了山西省建筑业低碳化的弹性解耦问题。Freitas 和 Kaneko（2011）[126] 研究了巴西的经济增长和碳排放的解耦情况，结果表明碳强度和能源结构是碳减排的决定性因素。杨嵘和常烜钰（2012）[127] 发现西部地区碳排放与经济增长之间除了

1998~1999 年强解耦，2003~2006 年为扩张性负解耦之外，其余时期均呈现为弱解耦状态。王欢芳和胡振华（2012）[128]对我国 2000~2004 年和 2005~2009 年 28 个制造业的 CO_2 解耦弹性和节能弹性进行了实证分析，结果表明这 10 年间基本所有制造业的低碳水平都有所提升，其碳排放与经济增长之间基本都已经处于弱解耦状态，其中节能弹性指标显示能源效率的提高是关键原因。梁日忠和张林浩（2013）[129]发现中国化工产值增长与其 CO_2 排放之间处于相对解耦或弱解耦状态，规模效应是影响中国化学工业 CO_2 排放量增长的主要因素。吴振信和石佳（2013）[130]利用 Tapio 弹性解耦模型研究发现 1999~2008 年，北京地区 2001 年和 2002 年呈现经济增长和碳排放的强解耦，2004 年为扩张性耦合，其他各段时间都属于弱解耦状态，主要原因是以第三产业为主的产业结构以及较高的能源效率。张玉梅和乔娟（2014）[131]采用 Tapio 弹性方法分析低碳经济政策推行以来北京市都市农业发展与碳排放之间的关系，结果表明农业经济增长与农业碳排放解耦趋势为衰退解耦—强解耦，农业碳排放技术解耦弹性趋势同为衰退解耦—强解耦，农业碳排放结构解耦状态呈现为由衰退连接—扩张连接的转变；畜牧业对减排贡献较大。李影（2015）[132]利用解耦模型对 29 省区市经济增长与能源利用、碳排放之间的解耦程度进行了度量，结果发现除北京外，我国其他地区经济增长与能源消费、碳排放之间未呈现明显的解耦关系；"十一五"以来经济增长与能源、碳排放之间的关联性相对较弱；碳排放与能源消耗的解耦指数呈强关联性；各省区市碳排放和能源消耗解耦指数呈明显的区域差异性。杜祥琬等（2015）[133]在研究发达国家经济发展与能源消费、能源消费与二氧化碳排放解耦规律的基础上，提出我国未来发展的三种情景假设，即惯性情景、低碳情景和 2 度情景，研究认为我国应按照低碳情景模式发展。齐绍洲等（2015）[134]运用 Tapio 解耦模型研究中部六省经济增长方式对区域碳排放的影响，研究发现中部六省经济增长对于化石能源的依赖程度经历了由弱到强再到弱的过程。许永兵和翟佳羽（2016）[135]通过建立河北省经济增长和碳排放之间的解耦模型，得出碳排放与经济增长之间大部分年份呈现弱解耦状态。李云燕和赵国龙（2016）[136]对上海市、北京市、天津市和重庆市 1995~2014 年碳排放和经济增长解耦关系进行实证研究，得出长期内实施碳减排政策不会阻碍超大城市经济增长的结论。卢娜等（2017）[137]利用 Tapio 弹性解耦指数分析不同产业碳排放与经济增长之间的关系，结果表明不同产业所处解耦状态不同，贸易餐饮业为强解耦，农业为弱解耦，生活消费处于增长连接，工业与建筑业均为扩张负解耦，交通邮政业为强负解耦。Zhou 等（2017）[138]利用 Tapio 扩展模型来定量分析中国八大地区碳排放与经济增长之间的解耦关系，结果表明除了 1996~2000 年中国西北部，

2001～2005 年中国西南、南部和北部沿海地区，2010～2012 年北京和天津以外，大部分地区工业能源碳排放与经济增长之间为弱解耦关系；中国碳减排技术的整体水平较低较落后，对经济增长和工业能源碳排放解耦贡献有限；今后解耦的发展重点应该放在节能技术推广、产业结构升级和能源结构的改善上。

有些文献将 Tapio 模型与 Kaya 恒等式或 LMDI 等方法结合起来，分析解耦的深层次原因。如查建平等（2011）[139]基于相对解耦与复钩理论建立测度模型分析了中国 2000～2009 年工业经济增长与能源消费和碳排放之间的解耦关系，并进一步扩展解耦评价模型，建立解耦指数分解模型，深层次分析解耦关系影响因素。赵爱文和李东（2013）[140]利用 Tapio 解耦模型和 Kaya 恒等式，使用 LMDI 方法，建立扩展的 Tapio 解耦模型，对中国碳排放与经济增长的解耦关系进行定量分析，结果表明 1990～2010 年中国碳排放与经济增长总体上具有弱解耦关系，经济增长是碳排放增加的主要原因，能源强度降低是实现碳排放与经济增长解耦的关键。刘其涛（2014）[141]利用弹性解耦和因果链分解的思想，将碳排放与经济增长的解耦弹性进行分解，结果表明河南省碳排放与经济增长大多数年份处于弱解耦状态；能耗解耦因子的影响力总体为正向影响，对碳排放与经济增长解耦程度起主导作用，减排解耦因子影响力较弱。郑凌霄和周敏（2015）[142]通过构建解耦模型来研究两者的解耦状态，并进一步运用 LMDI 模型的乘法形式，从经济规模、产业结构、技术进步、能源结构等方面分析了对碳排放量作用的效应大小，结果表明碳排放与经济增长之间除了 2002～2004 年为扩张负解耦以及 2004～2005 年和 2010～2011 年为扩张连结以外，其他年度都为弱解耦状态；从总体上看，经济规模效应、产业结构效应均为正效应，技术进步效应与能源结构效应则为负，且经济规模效应的作用最为显著。李晨等（2016）[143]利用解耦理论分析我国远洋渔业碳排放与行业经济增长之间解耦关系的变化轨迹，进而采用 LMDI 分解法对远洋渔业碳排放驱动因素进行分解，从规模效应、产业结构效应与碳排放强度效应三个方面探究我国远洋渔业碳排放与行业经济增长响应关系的深层次原因，结果表明 2001～2013 年我国远洋渔业碳排放与行业经济增长的解耦关系并不稳定，但近三年均处于增长负解耦状态；在碳排放的驱动因素中，规模与碳排放强度的贡献值近年来均在不断增大，而产业结构的贡献值出现负值。史常亮等（2017）[144]对中国农业 1980～2014 年的能耗碳排放变化进行了因素分解和解耦效应分析，结果表明农业部门节能减排努力所达到的"解耦"效果甚微，总体上呈弱解耦效应，离实现强解耦的差距越来越大；实现农业能耗碳排放"解耦"需要通过优化用能结构和降低碳排放因子来发挥作用。Zhao 等（2017）[145]探讨了中国经济增长与二氧化碳排放的解耦效果，使用对数平均指数

（LMDI）方法，分析经济增长与二氧化碳的解耦驱动力，结果表明 1992～2012 年中国经济增长与二氧化碳排放为弱解耦，五大行业也是如此；能源强度和经济活动水平是影响中国解耦的两大重要因素；所有部门能源强度下降加速了部门解耦状态；经济活动水平和工业部门所占比重增大对解耦产生最消极的影响。

2.4

关于区域低碳政策实施效果及减排路径的研究

2.4.1　低碳试点政策的实施效果研究

低碳城市试点工作是我国低碳发展过程中的一项重要举措，众多学者分别从不同角度对低碳试点城市展开了研究。其中，有些文献通过对低碳试点城市进行碳排放与经济增长的解耦分析，来验证低碳试点政策的实施效果。刘竹等（2011）[21]以首批低碳试点省份——陕西、广东、辽宁、湖北、云南 5 省为研究对象，通过经济增长与二氧化碳排放关系的解耦分析，探讨 5 个省份 1995～2008 年碳排放与经济增长变化的相关关系，研究显示 5 个省份在 1995～2008 年经济快速增长的同时碳排放迅速增加，碳排放与经济增长均呈现"弱解耦"态势；预计伴随经济进一步增长，碳排放在未来很长一段时间内仍将呈增长趋势。王赣华（2013）[146]对广东、辽宁、湖北、陕西、云南 5 个中国首批低碳试点省份，从节能、减排等方面比较分析其碳排放与经济增长关系的联动情况，研究发现在节能方面，辽宁、湖北比其他 3 个省好，多数阶段处于弱解耦、强解耦状态；在减排方面，5 个省基本都较差，处于扩张连续状态。刘骏和何铁（2015）[147]借鉴 Vehmas 解耦指数测算模型建立了"碳解耦指数"测算模型，提出了碳解耦等级标准；运用模型对 36 个试点城市碳解耦程度进行了评判；采用 LMDI 方法对"碳解耦指数"进行了因素分解，从而揭示了引发解耦的根本原因。刘骏（2016）[148]基于 Tapio 解耦指数测度模型构建了"能源解耦指数"测度模型，通过 LMDI 方法建立了"能源解耦指数"因素分解模型，评价 36 个试点城市的解耦程度，揭示引发解耦的根本原因。

还有一些文献通过建立评价体系或模型对低碳试点政策的效果进行评价。戴嵘和曹建华（2015）[23]利用中国 30 个省区市（不包括西藏、香港、澳门和台湾）2005～2012 年面板数据构建了双重差分模型（DID），首次对试点政策的减碳效果进行评价。结果显示实行低碳试点的地区显著降低了其人均碳排放量；在时间趋势上，减碳效果由不显著到显著、由弱到强；低碳试点取得了显著且持续性的成效。邓荣荣（2016）[24]评价了首批低碳试点城市的政策效果，发现碳排放规模与人均碳排放量持续增长的趋势并未改变，但碳排放总量与人均碳排放增速较试点前均显著降低，试点后各城市的碳排放强度也呈持续下降趋势，各试点城市的碳减排绩效不仅高于全国平均水平，还普遍高于同类地区，各试点城市均已实现或基本实现其阶段性减排目标。冯彤（2017）[25]应用双重差分方法对我国低碳试点城市政策的效果进行定量分析，研究发现该政策对碳强度有显著正向影响，即该政策导致碳强度增长 35%。宋祺佼和吕斌（2017）[149]基于 34 个低碳试点城市构建了城市碳排放—新型城镇化系统评价体系，通过主成分分析和熵指数计算得出城市低碳发展—新型城镇化系统的综合评价指数，并进行系统协调度和协调发展度模型研究，研究显示低碳试点城市碳排放—新型城镇化系统耦合协调度总体水平不高，城镇化过程中人均 CO_2 排放量、公共服务、基础设施建设和资源环境水平不同程度地对低碳城镇化产生影响，系统的协调度和协调发展度上表现出较强的空间地域性，同时两者有很强的正相关性，系统在新型城镇化水平、协调度、协调发展度指标上与区域经济发展水平存在很强的对应关系，而城市碳排放系统、协调度、协调发展度指标与区域经济的关系并不明显。

2.4.2 低碳试点城市的减排路径研究

已有文献主要通过分析低碳试点城市的碳排放现状提出未来的发展路径。刘健等（2012）[150]以陕西、广东、辽宁、湖北、云南五个低碳试点省份为研究对象，基于 STIRPAT 模型定量分析了人口规模、城市化水平、富裕度、产业结构和能源强度对碳排放的影响，并给出了五个低碳试点省份低碳发展路径。张征华和柳华（2012）[151]从纵向、分行业、横向三个层面对低碳试点城市南昌市规模以上工业企业能源消费产生的二氧化碳排放进行了估算与分析，提出了南昌市实现工业低碳发展的路径。丁丁和杨秀（2013）[152]从加强战略规划引领、完善实施体系和配套政策、推进产业低碳化发展、加快温室气体清单编制以及倡导低碳消费和低碳生活理念等方面对低碳试点地区的工作进展进行了综述，从建立多样化的低碳发展保障与长效机制、因地制宜地探索不同发展模式两个方面总结了低碳试点工作取得的成效，并提出低碳试点工作仍面临统一认识、提高目标先进性、加大落实力度，以及完善配套政策和人才队伍等挑战。贾卓等（2013）[153]以低碳试点省份陕西省工业部门为研究对象，计算和分析工业部门 22 个细分产业的碳排放特征、影响力系数和平均影响力系数，根据碳排放强度和平均影响力系数两个指标，将工业部门 22 个细分产业分为 4 类，针对不同的产业提出既降低碳排放又保持经济稳定增长的低碳转型路径。王赣华和秦艳辉（2014）[154] 通过计算广东、辽宁、湖北、陕西、云南等 5 个中国首批低碳试点省份 2002 ~ 2011 年的碳源、碳汇数据，描绘 5 个省份的碳足迹时空格局，研究发现碳排放未得到有效遏制，大气中的二氧化碳逐步增加；退耕还林能增强森林对二氧化碳的吸收能力，但过快的碳排放增长速度远大于其取得的成果；能源生产结构与碳足迹有密切联系，以煤炭为主的能源生产结构是碳足迹居高不下的重要原因之一；产业结构是决定碳排放量大小的关键。宋祺佼等（2015）[155] 以两批低碳试点城市（共 36 个）为研究对象，从区域分布、经济水平和人口规模三个方面分析了其碳排放现状，研究显示"十一五"期间低碳试点城市单位 GDP 二氧化碳排放和人均 CO_2 排放均高于全国平均水平；2011 年低碳试点城市单位 GDP 二氧化碳排放和人均 CO_2 排放均高于各城市所在省份的平均水平；低碳试点城市单位 GDP 二氧化碳排放平均水平从东部到西部逐渐升高；人均收入高于全国平均水平的低碳试点城市中 92% 的城市的人均 CO_2 排放高于全国水平。而随着城市常住人口规模的扩大，试点城市单位 GDP 二氧化碳排放逐渐降低，人均 CO_2 排放却随着城市常住人口规模的扩大呈"U"形分布，其中大型城市的人均 CO_2 排放水平最低；与同类地区对比发现，试点城市的低碳工作成效和减碳目标普遍优于同类地区。丁丁等（2015）[156] 建立起一套低碳城市指标体系，用来分析城市低碳发展的现状与趋势、城市特点和低碳发展目标，以 36 个低碳试点城市为例，基于经济和碳排放的核心指标进行聚类分析，将 36 个低碳试点城市划分为领先型、发展型、后发型和探索型四类，对低碳试点城市进行分类评估，并基于指标体系分析四类城市的特点和发展趋势，分别提出四类城市未来低碳发展的需求，从而提出差异化的低碳发展模式与发展途径。

2.5
已有研究成果的贡献和不足述评

2.5.1 主要贡献

已有针对区域碳排放问题的研究，为本书研究问题的提炼和明确提供了丰富的现实背景、学术思想和研究方法，具体贡献表现在以下几个方面：

（1）理清了区域碳排放相关理论研究和实践发展的国内外发展状况，分析了有关问题，探索了区域碳排放相关理论研究和实践发展的途径和方法。解利剑等（2011）[157]对国内外碳排放理论与实践的关系、研究重点的差异、研究尺度的缺失和机制问题进行了探讨；张友国（2017）[158]从碳排放交互影响方面探索了区域碳减排政策及其优化方式；李春艳和漆明亮（2017）[159]研究了区域碳减排规律及其发展趋势。这些研究奠定了识别区域碳排放关键影响因素和解耦驱动要素、提出区域碳减排路径的理论基础。

（2）弄清了碳排放测算方法及影响因素、碳排放与经济增长解耦关系模型。Kaya（1989）[30]提出的 Kaya 恒等式为碳排放影响因素的研究奠定了理论基础；林伯强和刘希颖（2010）[31]、Duro 和 Padilla（2006）[33]在 Kaya 理论基础上结合因素分解等其他方法来分析碳排放影响因素，IPAT 模型[41]、STIRPAT 模型[42]也是碳排放影响因素研究的重要工具；Tapio（2005）[117]提出的 Tapio 解耦模型是研究解耦关系的主要方法之一；杨振（2011）[118]、梁日忠（2014）[120]、Lu 等（2007）[6]利用 Tapio 模型分别对能源消费与经济增长、碳排放与经济增长之间的关系进行分析。这些研究提供了识别区域碳排放关键因素和解耦驱动要素的参考依据。

（3）阐明了政策效果评价指标体系和评估方法，提供了分析低碳试点政策实施效果的参考依据。戴嵘和曹建华（2015）[23]、冯彤（2017）[25]运用双重差分法评估低碳试点政策的减碳效果，为低碳政策评价提供了有效方法。

（4）梳理了关于碳减排路径理论研究和实践发展的相关情况，综合了众多学者从多重层面探讨降低碳排放的方法和途径。刘健等（2012）[150]、张征华和柳华（2012）[151]针对不同研究对象、不同层面分析低碳试点城市的减排路径；丁丁和杨秀（2013）[152]从不同角度探讨区域碳排放的减排路径。这些研究明晰了从不同角度给出区域碳减排路径的必要途径。

2.5.2　不足之处

国外发达国家对碳排放问题关注较早，且比较重视能源碳排放的定量研究，已经形成了比较系统的研究框架和丰富的研究方法，在实践上对于推动国外低碳城市建设提供了较强的理论支撑。相比较之下，国内对于能源碳排放的研究虽然起步较晚，但随着国内区域节能减排、低碳转型实践的快速推进，近年来不同学科领域的学者（如地理学、环境科学、生态学、经济学、管理学等）也开始广泛涉及能源碳排放的相关研究，并取得了一定的研究成果，这些成果对于推进中国区域节能减排目标的实现提供了一定的参考价值。但是客观来说，以往的研究尚存在以下一些不足之处：

（1）缺乏区域碳排放相关研究成果。目前对于碳排放相关研究成果虽然比较丰富，但适用的对象往往是宏观层面的国家或少数几个社会经济较发达省份，如柯水发等（2015）[160]、梁朝晖（2009）[161]等，均是针对北京或上海碳排放的研究，其他区域碳排放相关研究成果仍然比较匮乏，研究区域有待进一步扩展。由于碳排放数据大多是基于能源消费数据进行测算，而省级、市级区域大多没有相对完整的能源消费量统计数据，这导致中、西部地区以及更小尺度的省级、市级区域的碳排放研究相对较少。然而，从实际情况来看，由于各地区经济水平、消费结构以及产业结构等方面存在差异性，开展节能减排工作的重点不尽相同，因此对更小尺度的省级区域进行碳排放研究是十分必要的。

（2）对碳排放量测算缺乏统一的标准。碳排放量的测度是本书研究的基础，对碳排放量测度的准确性关系到结论的正确性。张秀媛等（2014）[162]、高标等（2013）[163]等大多仅仅计算了与能源消费相关的直接碳排放，而忽略了电力、热力调入调出过程中产生的间接碳排放，导致测算结果不准确。而且，鉴于碳排放量的计算方法较多，即使最常用的分解法和IPCC测算法，得出的测算结果也相差较大[164]。同时，能源种类的选取不当以及加工转换部分的忽视也对碳排放量的估算结果造成了一定影响，导致研究结论缺乏真实性和准确性。

（3）对区域碳排放与经济增长解耦效应的研究不够深入。杜祥琬等（2015）[133]、齐绍洲等（2015）[134]等侧重对碳排放影响因素、能源消费与经济增长之间关系等传统内容的研究，对碳排放与经济增长之间解耦关系的驱动要素研究不够深入，缺乏基于部门要素的解耦效应的驱动力研究。杨嵘和常烜钰（2012）[127]、李影（2015）[132]等仅针对经济水平、能源强度和产业结构进行解耦要素分析，忽略了能源结构要素对解耦效应的影响程度。而且，对于部门的解耦研究大多针对工业和农业部门，如王欢芳和胡振华（2012）[128]、梁日忠和张林浩（2013）[129]，忽略了其他经济部门，鉴于不同部门的不同要素对解耦的影响程度不同，相关研究需要从部门要素和能源种类两个方面对解耦指数的分解加以改进。

（4）缺乏有效的区域低碳试点政策实施效果分析方法。刘竹等（2011）[21]等关于低碳政策减碳效果的分析只考察了碳排放强度、人均碳排放量等低碳指标，不仅方法单一，而且未能解决政策的内生性问题，无法准确地分析政策实施的净影响效果，导致评估结果失真。尽管戴嵘和曹建华（2015）[23]、邓荣荣（2016）[24]、冯彤（2017）[25]运用了双重差分法消除了一部分变量内生性问题，但无法完全解决试点城市选择时所产生的政策内生性问题，由此导致有些成果所提出的碳减排路径适用性不强，从而降低了对控制区域碳排放的实际参考价值。

（5）缺乏有针对性的区域碳减排路径的研究。贾卓等（2013）[153]、王赣华和秦艳辉（2014）[154]等关于碳减排路径的研究相对比较粗浅，仅是针对碳排放指标的大方面泛泛而谈，缺少考虑部门及试点地区的特点，缺乏有针对性的、多角度的区域碳减排路径。

2.5.3　对本书研究的启示

已有研究为本书的研究奠定了坚实的基础，积累了宝贵的经验，并为本书的研究带来了一些有价值的启示。

（1）针对区域碳排放相关研究匮乏的问题，有必要以省级区域为单位进行深入探究，填补区域碳排放研究成果的不足，从而拓展能源碳排放的研究案例[165]。根据各地区生产发展水平、能源消费结构特点以及产业特征的不同，低碳政策的制定具有差异性。因此，对区域开展碳排放驱动要素及政策效果分析等相关工作，可以在一定程度上为国家制定区域差异化减排对策提供依据。

（2）针对碳排放量测算缺乏统一标准的问题，不仅要重视直接碳排放量测算中能源种类的选取以及加工转换部分的处理，而且有必要将间接碳排放量纳入碳排放总量的核算体系中。对于直接碳排放量的计算，可以在 IPCC 估算方法的基础上采用自下而上的分部门能源消费量核算方法，将能源加工转换部分的"火力发电""供热"和"炼焦"数据加入终端消费量，并除去用作原料的燃料消费量，同时在能源种类的选取时要将电力和热力排除在外以免重复计算[164]。而间接碳排放的计算则避免了电力、热力调入调出产生的碳排放的漏算，使测算结果更加精确细致[166]。

（3）针对区域碳排放与经济增长解耦驱动力研究不够深入的现状，将解耦指数从产业部门和能源种类两个方面进行完全分解，深入探究解耦的驱动要素。除了经济水平、产业结构、能源强度之外，能源结构和能源排放系数也是影响解耦效应的重要因素[145]。重视能源结构和能源排放系数要素对解耦的影响作用，有助于进一步认清解耦的部门贡献和要素贡献。同时，针对每个经济部门进行解耦分析，有助于理解各部门之间碳排放的差异性，区分各部门的解耦驱动要素，从而针对各部门的解耦抑制要素提出相应的减排路径。

（4）针对缺乏有效的区域低碳试点政策实施效果分析方法，为了解决变量及政策内生性问题，有必要将合成控制法与双重差分法相结合来分析低碳试点政策的减碳效果[14]。在利用双重差分法分析区域试点城市的综合减碳效果的基础上，运用合成控制法对单个试点城市的减碳效果进行逐个分析，保证结果的准确性，使据此提出的碳减排路径适用性更强，对控制区域碳排放更具有实际参考意义。

（5）针对缺乏有针对性的区域碳减排路径的研究，根据区域碳排放关键影响因素、部门解耦驱动要素及低碳试点地区减碳效果分析结果，从要素、部门及地区三个角度给出区域碳减排路径[167,168]。

2.6
本章小结

本章在文献检索范围和相关文献情况分析的基础上，首先进行了关于区域碳排放影响因素及预测的研究，包括基于 Kaya 和因素分解方法、STIRPAT 模型的碳排放影响因素研究和基于灰色系统模型、神经网络、回归分析等方法的能源碳排放预测研究；其次进行了关于区域能源消费、碳排放与经济增长解耦关系的研究；再次进行了关于低碳政策实施效果及减排路径的研究；最后进行了已有研究成果的贡献与不足评述，总结并肯定了已有研究成果的主要贡献，分析了已有研究成果的不足之处，并归纳了已有研究成果对本书进一步研究的借鉴和启示。

第3章

区域碳排放研究的基本理论及总体框架

在第 2 章文献综述的基础上，主要对低碳经济理论、Kaya 理论、解耦理论以及灰色系统理论进行介绍，并以这些理论作为区域碳排放驱动要素、政策效果及减排路径研究的基本理论。

3.1
低碳经济理论

人类消费碳基能源，使二氧化碳等温室气体不断增加而引发的全球气候变暖等环境问题日益引起经济学者的广泛关注。理论界尝试用新的经济发展模式破解经济增长过程中的能源环境约束。为此，低碳经济便应运而生了。

3.1.1 低碳经济产生的背景

人类在工业化时代对自然资源进行盲目开采并投入工业生产中，这种自然资源的浪费以及由此带来的环境问题对人类生活产生了严重的影响。IPCC 报告指出，气候持续变化的主要原因便是人类活动，而二氧化碳排放的浓度增加是温室气体中贡献最大的因素。二氧化碳浓度比工业化前增加了 40% 左右，人为二氧化碳排放的 30% 左右被海洋吸收致使海洋酸化。全球气候变化对生态系统乃全人类的生存及生活构成了较大的威胁，低碳经济的提出就是为了控制及减少温室气体的排放[169]。

2003 年，英国政府发表了能源白皮书，题为《我们未来的能源——创建低碳经济》，首次提出了"低碳经济"的概念，此后各国学者均对此进行研究[170]。

2006 年，前世界银行首席经济学家尼古拉斯·斯特恩的《斯特恩报告》指出了气候变化对环境以及社会的影响，分析出全球每年 1% 的 GDP 收入可以避免将来每年 5%～20% 的 GDP 损失，倡导世界各国进行低碳经济转型[171]。

2007 年 6 月，中国政府制定的《中国应对气候变化国家方案》提出了 2010 年应对气候变化的目标、实施规则、节能减排的区域及政策等，量化了温室气体排放的控制目标，并把其纳入国民经济发展的考核体系中[172]。

2007 年 7 月，美国通过《低碳经济法案》，提出了低碳经济将成为美国经济发展的重要战略之一。

2007 年 12 月，联合国气候大会在泰国巴厘岛召开，大会通过的"巴厘岛路线图"指出到 2020 年发达国家的温室气体排放将降低 25%～40%，这意味着全球低碳经济进入了一个新的时代。

2008 年，G8 峰会上各国表示要与《联合国气候变化框架公约》的各方达成一致目标，即"到 2050 年全球温室气体排放减少 50%"[173]。

2009 年，中国在联合国气候大会上承诺到 2020 年单位 GDP 碳排放量比 2005 年下降 40%～45%，并将其纳入国民经济发展规划中，将低碳经济和循环经济作为未来经济发展的重点。

3.1.2　低碳经济的内涵

低碳经济是在全球气候变暖、环境不断恶化的时代背景下提出的经济理论。作为一个新的课题，低碳经济的实施具有一定的不确定性。但随着低碳经济理论的不断完善以及人类认识和实践的逐步深入，国内外学者对低碳经济的研究不断丰富及扩展，本书借鉴曹清尧（2013）[174]的提法，认为低碳经济的定义主要有几类代表性的观点。

一是"方法论"的观点。认为低碳经济是温室气体尤其是二氧化碳排放尽可能得到控制和减少的一种经济发展方式，以保证人类社会的可持续发展。

二是"形态论"的观点。认为低碳经济是一种后工业化社会出现的集低碳产业、低碳生活、低碳发展等各类经济形态为一体的能够改善地球生态系统自我调节能力的可持续发展新经济形态。

三是"革命论"的观点。认为低碳经济是依靠技术和政策在全球范围内实施的一场改变生产和生活方式的革命。

四是"发展论"的观点。认为低碳经济是一种以提高能源利用效率为基础，以低碳发展为方向，在碳中和技术应用的基础上兴起的一种绿色发展模式。

准确理解低碳经济还应该把握好以下几方面的内容：

第一，从碳循环的角度看，低碳经济是一种由高碳经济向低碳经济过渡的发展模式[175]。工业经济时代对于资源的消耗是惊人的，遵循的是一种高碳的经济发展模式。而与之相对应的"低碳经济"，是指在保证经济持续、快速、健康发展的同时，最大限度地减少以二氧化碳为主的温室气体排放。高碳经济发展方式的转型是人类要想实现自身长期发展的一个战略选择。

第二，从能源使用问题上看，低碳经济是能源消费结构的优化升级[176]。相比清洁能源来说，化石能源的开发方便，技术要求不高，但以此为支撑的生产活动会造成大气污染和环境破坏。高碳能源的使用是导致温室气体浓度增加，引起气候变暖的重要驱动因素。发展低碳经济的落脚点在于协调能源消费、经济增长方式以及二氧化碳排放三者之间的关系，开展清洁能源与可再生能源对传统化石能源的逐步替代，改变以高碳能源为主导的能源消费结构，最终实现碳排放与经济增长的"解耦"。

第三，在产业升级方面，低碳经济的发展离不开低碳技术的运用和低碳产业的支撑[177]。如今，各国的经济发展水平参差不齐，难以对产业结构的发展做一个完整统一的规划，而产业结构的不合理是制约低碳经济发展的主要障碍之一。只有切实降低制造业、建筑业等第二产业所占的比例，大力发展高新技术等第三产业，强化不同产业或同类产业各部门的联系，才能真正实现产业结构的转型和升级，促进低碳经济的发展。

第四，从技术进步的角度看，低碳经济的核心是通过技术创新的方式降低对化石燃料的依赖，减少温室气体尤其是二氧化碳的排放量[178]。低碳经济通过市场的传导机制，充分发挥相关法律制度与配套政策的引导作用，鼓励碳捕捉、碳中和等节能减排技术的创新和推广，确保技术进步在改善能源效率、优化能源结构等方面发挥积极作用，最终实现全社会的低碳排放。

第五，从制度创新的角度看，有效的制度安排是低碳经济发展的保证[179]。低碳经济的发展目前尚存在一定的制度缺陷：一是表现在对原有制度的路径依赖。化石能源体系几百年的发展模式已经根深蒂固，想要做出改变，接受低碳经济理念本身就很难。二是资源环境领域的产权混乱。产权界定模糊，导致相关部门相互推诿责任，造成污染无人问津。三是环境管理的混乱。环境污染存在负外部性，使资源节约和环境保护成为纸上谈兵的空想[180]。这就要求从上层设计上建立合理的制度安排，切实提高政策制定的有效性和可行性。

第六，从消费模式上看，人类不合理的资源利用方式和消费模式是造成环境污染和生态环境破坏的重要原因。发展低碳经济需要根据生态系统的承载力合理安排人类的经济生产活动，改变以往高碳的消费习惯和消费方式，建立低碳、环保的消费理念，从而实现人类活动与生态环境的和谐统一。

第七，在社会福利方面，低碳经济秉持实现帕累托最优的资源消费理念[181]。追求以最小的消耗实现高效率的社会生产运行，实现最大化的社会福利。然而，经济社会是一个复杂的大系统，各个环节都具有牵一发而动全身的效果。因此，低碳经济发展的关键在于协调各主体利益之间的关系，避免因整体和局部利益不一致而带来的各种矛盾和社会问题。

综上所述，国内外学者对低碳经济的定义大致相同，基本都认为低碳经济是一种以尽可能少的能源消耗和污染来获得较多经济产出的新型经济发展模式。其本质是利用低碳技术实现资源利用的高效化以及能源的清洁化和低碳化，目标是在保证经济高速发展的前提下，实现对温室气体排放的控制，促进社会的可持续发展。综合来看，这是一场人类价值观和生产生活方式改变，以及关系国家利益的全球性革命。

3.1.3 低碳经济的特征

低碳经济本质上是碳生产力提高的过程，也就是用尽可能少的碳排放创造出较多的 GDP，范凤岩（2016）[182]将低碳经济的特征概括如下：

第一，低碳经济具有经济性。低碳经济是一种经济发展形式，它不但考虑了环境保护问题，还将投入与产出纳入体系中，以较小的能源消费和污染排放实现较大的经济产出，这是自然生态系统与经济发展系统的相互促进与平衡。

第二，低碳经济具有一定的阶段性和区域性。在不同的发展阶段，不同地区具有不同的发展方向、能源需求以及碳排放，它们的低碳经济发展路径也不尽相同。处于工业化发展不同阶段的地区，低碳经济的目标也不同，即将或者已经完成工业化发展的城市主要目标在于碳总量减排，开发新能源替代技术，而有些城市正处于工业化发展进程当中，经济发展对能源消耗的依赖性较大，没有办法摆脱高碳的命运，其主要目标在于相对量减排，如降低碳排放强度。

第三，低碳经济具有综合性。低碳经济是一个聚集了经济、社会、能源、环境等各要素的综合性发展模式，它的最终目标是实现各要素的利益最大化。全球气候变暖关系到人类的生存与发展，因此低碳经济是人类需要长期实施的经济战略。

第四，低碳经济具有技术性。低碳技术的创新是社会前进的动力，低碳经济的发展需要先进技术的支持。人类只有通过不断的技术创新，积极攻克技术难题，低碳经济才能不断向前发展。因此，低碳技术的发展决定了低碳经济发展的高度和质量。

3.1.4　低碳城市

温室气体的排放尤其是碳排放所造成的全球气候变暖，严重地影响了人类的生活及生存环境，对经济和社会的可持续发展构成了威胁。城市是人类生产生活的主要场所，大量的二氧化碳通过化石能源的消费排放出来。城市的温室气体排放在全球温室气体排放中占到大约 75%，中国的百强城市二氧化碳排放量占全国总排放量的 51% 左右。

近年来，频发的自然灾害使更多人意识到环境保护和可持续发展的重要性，而城市显而易见的成为践行绿色发展的主要场地。推进低碳城市的建设已经成为全世界关注的问题。"低碳"的概念从经济领域到社会领域，再到城市领域逐步发展，其目标是减少温室气体排放，改革经济发展模式，提高能源效率，改善人们的生活水平及环境。

在城市化进程高速发展的春风沐浴下，低碳经济的发展方式和轨迹在世界范围内受到了更多的关注。从 2007 年开始，"低碳城市"的概念开始进入人们的视野[183]，但对于低碳城市的内涵，学术界的看法并不统一。夏堃堡（2008）[184]、付允等（2010）[185]、辛章平和张银太（2008）[186]等认为低碳城市就是在城市发展低碳经济，就是在技术革新的基础上，改变以往大量浪费的生产生活模式，建立低碳的生活方式和消费习惯，实现社会的可持续发展。戴亦欣（2009）[187]认为，低碳城市是建立在低碳生产基础之上的新型城市，在建设低碳城市的过程中，市民的生活理念和政府的社会建设都更加低碳。中国科学院可持续发展战略研究组（2009）[188]认为，城市空间是低碳城市发展的基础所在，在城市空间内发展绿色交通和绿色建筑，从而最大限度地减少温室气体排放。陈飞和诸大建（2009）[189]指出，低碳城市从本质上讲就是如何实现经济发展的同时减少二氧化碳排放。

基于以上各个专家学者的看法，不难发现，低碳城市实质上是将低碳理念真正应用到我们的日常生活中。这主要包含低碳经济、低碳社会两个方面。具体来说，前者的落脚点在于低碳产业的发展，在经济发展中减少以二氧化碳为主的温室气体排放；低碳社会注重城市日常生活和消费的低碳化转变，以达到自然—人—社会复合生态系统的和谐发展。因此，低碳城市最需要的就是产业结构的优化和发展方式的变革。如果低碳经济得到有效发展，将会促进产生新的经济增长点，提高城市的长远竞争力，最终改善城市人民生活[190]。

3.1.5 低碳试点城市

近年来，低碳城市建设成为全球关注的重要问题之一，伦敦、东京等地开展了各种节能项目，为低碳城市建设奠定基础。中国的低碳城市建设正在逐步实施，河北省保定市是中国第一个"国家可再生能源产业化基地"，上海市在建筑方面也实行了一系列节能政策。

2010 年 7 月 19 日，为了推进低碳城市建设，国家发改委发布了《关于开展低碳省区和低碳城市试点工作的通知》（以下简称《通知》），确立了广东、辽宁、湖北、陕西、云南五省和天津、重庆、深圳、厦门、杭州、南昌、贵阳、保定八市为首批低碳试点城市。所谓低碳试点城市（low carbon city）就是指在城市实行低碳生产、低碳消费，建设具有可持续性的自然资源生态系统，建立环境友好型与资源节约型社会。试点城市建设要以低碳经济为发展模式及方向、市民以低碳生活为理念和行为特征、政府公务管理层以低碳社会为建设标本和蓝图的城市，组织开展低碳省区和低碳城市试点建设工作。《通知》要求低碳试点城市测算并确定本地区温室气体排放总量控制目标，研究制定温室气体排放指标分配方案，建立本地区碳排放权交易监管体系和登记注册系统，培育和建设交易平台，做好碳排放权交易试点支撑体系建设等。

2012 年 11 月 26 日，国家发改委下发《关于开展第二批低碳省区和低碳城市试点工作的通知》，确立了 29 个城市和省区市为我国第二批低碳试点城市，包括北京市、上海市、海南省和石家庄市、秦皇岛市、晋城市、呼伦贝尔市、吉林市、大兴安岭地区、苏州市、淮安市、镇江市、宁波市、温州市、池州市、南平市、景德镇市、赣州市、青岛市、济源市、武汉市、广州市、桂林市、广元市、遵义市、昆明市、延安市、金昌市、乌鲁木齐市。两次低碳试点城市的总人口占全国人口的 40% 左右，GDP 占全国总量的 60% 左右，碳排放量占 40% 左右。

2017 年 1 月 24 日，国家发改委再次下发《关于开展第三批国家低碳城市试点工作的通知》，确定在内蒙古自治区乌海市等 45 个城市（区、县）开展第三批低碳城市试点。其指导思想是以加快推进生态文明建设、绿色发展、积极应对气候变化为目标，以实现碳排放峰值目标、控制碳排放总量、探索低碳发展模式、践行低碳发展路径为主线，以建立健全低碳发展制度、推进能源优化利用、打造低碳产业体系、推动城乡低碳化建设和管理、加快低碳技术研发与应用、形成绿色低碳的生活方式和消费模式为重点，探索低碳发展的模式创新、制度创新、技术创新和工程创新，强化基础能力支撑，开展低碳试点的组织保障工作，引领和示范全国低碳发展。

综合来看，低碳试点城市建设是一种创新的自下而上的工作模式，各区域设定自己的低碳目标与温室气体排放总量，通过自身探索找到适合本区域的低碳路径。

3.2
Kaya 理论

1989 年，日本学者 Yoichi Kaya 在 IPCC 研讨会上首次提出将能源、经济、排放等几个宏观因素描述成简单的数学关系，即用一种简单的数学公式表达它们之间的关系，从而分析温室气体排放量的影响因素，解析各种影响因素对气体排放的影响效果大小，这就是著名的 Kaya 恒等式。现在，Kaya 恒等式广泛应用于碳排放的因素分解以及总量核算中，其结果获得了学术界的认可及推广。根据文献[30]，Kaya 恒等式对碳排放的因素分解公式如下：

$$C = \frac{C}{E} \cdot \frac{E}{G} \cdot \frac{G}{P} \cdot P \tag{3.1}$$

其中，C 为碳排放量，E 为能源消费总量，G 为生产总值，P 为人口数。在 Kaya 恒等式右边，$\frac{C}{E}$ 代表单位能源碳排放量，即碳排放系数；$\frac{E}{G}$ 代表单位 GDP 能源消耗量，即能源强度；$\frac{G}{P}$ 代表人均 GDP；P 为人口总量。这四个因子为碳排放量的影响因素，碳排放系数和能源强度体现了技术水平，人均 GDP 反映了经济发展水平，人口总数反映了人口规模效应。Kaya 恒等式原理清晰，分解结果直观，数据可获得，因此被学者广泛应用到碳排放影响因素的分析中。

3.3
解耦理论

3.3.1　解耦的概念

20 世纪 90 年代，德国著名研究机构 Wuppertal 首先提出"解耦理论"[191]，目的是研究经济发展和资源消费量之间同步增长的紧密关系。世界银行认为"解耦"是经济活动环境冲击减少的过程[192]。经济合作与发展组织（OECD）认为，"耦合"（coupling）是指不可再生资源消费量与经济发展水平密切联系的现象，是一种不可持续的发展模式，那么"解耦"（decoupling）就是打破资源消费和经济发展水平之间的联系，即经济增长速度大于资源消耗量增速，这是一种理想的可持续发展模式，也被称为"脱钩"[8]。学者们可以通过计算经济增长与资源消耗量增长是否解耦来判断一个国家或地区是否实现了低碳经济转型。

3.3.2 解耦指数测算模型

解耦关系的测量方法众多，其中 OECD 解耦指标和 Tapio 测度模型应用较广泛。OECD 指标是对环境压力与驱动力变化关系及其衍生政策制定问题的描述。在碳排放领域，环境压力为碳排放，经济驱动力为 GDP，解耦关系出现在 GDP 增长曲线与碳排放量变化曲线不平行的时刻，如果碳排放增长率小于经济增长率就被称为"相对解耦"，如果经济增长但碳排放量下降就被称为"绝对解耦"。根据文献［8］，OECD 指标体系的构建需要建立解耦指数与解耦因子，公式如下：

$$解耦指数 = \frac{EP^t/DF^t}{EP^0/DF^0} \tag{3.2}$$

$$解耦因子 = 1 - 解耦指数 \tag{3.3}$$

其中，EP 代表环境压力指标，DF 代表经济驱动力指标，t 为报告期，0 为基期。

如果解耦因子大于 0 且接近 1 则为绝对解耦，如果解耦因子大于 0 且接近 0 则为相对解耦，如果解耦因子小于或等于 0 则为未解耦。但要注意的是，根据基期的选择不同，OECD 解耦因子会出现较大的差异，因此需要学者根据研究内容及目的选择合适的基期。

Tapio 解耦模型是由 OECD 解耦模型发展而来的，其引入"弹性"的概念来测度变量间的关系，同时把解耦程度进行细化，使分析结果更加可靠，是经典的计算解耦指数的方法，也是当今最常用的方法之一。Tapio 解耦指标需要的数据可测性高，对变量的各种组合定位合理，在解耦理论中发挥着重要作用。根据文献［117］，解耦指数计算公式为：

$$DE^t = \frac{(EP^t - EP^0)/EP^0}{(DF^t - DF^0)/DF^0} = \frac{\% \Delta EP^t}{\% \Delta DF^t} \tag{3.4}$$

其中，DE^t 代表报告期 t 的解耦指数；EP^t、EP^0 代表报告期 t 和基期 0 的环境压力，如碳排放量、能源消费量等；DF^t、DF^0 代表报告期 t 和基期 0 的经济驱动力，如 GDP 等；ΔEP^t 代表从基期到报告期的环境压力变化值；ΔDF^t 代表从基期到报告期的经济驱动力变化值；$\%\Delta EP^t$ 代表从基期到报告期的环境压力变化率；$\%\Delta DF^t$ 代表从基期到报告期的经济驱动力变化率。

根据文献［117］，依照 DE^t 的数值范围及 ΔEP^t 和 ΔDF^t 的正负号即可判断环境压力与经济驱动力的解耦状态，进而说明经济对环境的依赖程度，具体如图 3.1 和表 3.1 所示。

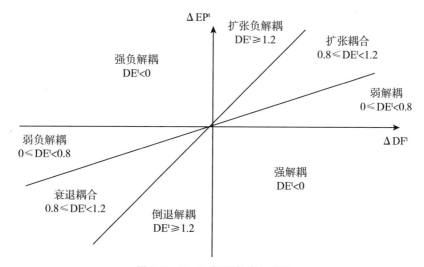

图 3.1　Tapio 解耦状态示意图

表 3.1　　　　　　　　　　　　　解耦状态描述

DE^t	ΔEP^t	ΔDF^t	解耦状态	含义描述
$DE^t < 0$	< 0	> 0	强解耦	经济驱动力增大的同时环境压力减小，表明经济的增长不依赖于环境
	> 0	< 0	强负解耦	经济驱动力减小但环境压力增大，表明环境所付出的代价不能促进经济的增长
$0 \leqslant DE^t < 0.8$	≥ 0	> 0	弱解耦	经济驱动力和环境压力同时增大，而且经济增长的速度大于环境压力增长的速度
	≤ 0	< 0	弱负解耦	经济驱动力与环境压力同时减小，而且经济衰退的速度大于环境压力减小的速度

续表

DE^t	ΔEP^t	ΔDF^t	解耦状态	含义描述
$0.8 \leqslant DE^t < 1.2$	>0	>0	扩张耦合	经济驱动力和环境压力同时增大，增长速度基本持平
	<0	<0	衰退耦合	经济驱动力与环境压力同时减小，减小速度基本持平
$DE^t \geqslant 1.2$	>0	>0	扩张负解耦	经济驱动力与环境压力同时增大，而且经济增长的速度小于环境压力增长的速度
	<0	<0	倒退解耦	经济驱动力与环境压力同时减小，而且经济衰退的速度小于环境压力减小的速度

资料来源：Tapio（2005）[117]。

3.4

灰色系统理论

3.4.1　灰色系统的概念

一个系统是由很多因素组成的，所谓灰色系统只是相对而言，是介于黑色系统和白色系统之间，所指的系统信息部分已知、部分未知，即信息不完全的系统。

灰色系统理论最早由邓聚龙教授[193,194,195]提出，经过30年的发展已经形成以 GM 模型为核心的模型体系。灰色系统理论认为尽管事物的表象极为复杂，表征数据看似杂乱，但内部存在着必然的联系，隐藏着规律，灰色系统理论的实质就是抓住事物的表征信息，利用灰色相关、灰色聚类、灰色建模等方法，寻找事物存在的内部规律，预见事物未来的发展态势，为分析和决策提供依据。

灰色系统理论是以系统论为指导，融合了信息论、现代计算技术及现代数学理论等学科的思想和方法体系，具有较强的应用性。30年来已经应用到各个领域，在经济管理、工程控制、环境综合治理、决策等方面得到了广泛的应用，而且已拓展到工业、农业、能源、社会、地质等许多学科和领域，成功解决了许多生产生活中的实际问题，取得了显著的效果。

3.4.2　灰色系统的基本原理

灰色系统中常用的原理有六个[196]，分别为：

第一，差异信息原理。"差异"是信息，凡是信息必有差异，资料是信息的归宿。

第二，灰性不灭原理。信息不完全是绝对的，即灰色系统认为，"灰"是绝对的，"白"是相对的。

第三，新息优先原理。新信息对认知的作用大于老信息；新息优于老息；新息为必要信息，权重大于老息，因此应当优先考虑；唯一解有且仅有可能存在于白色系统之中。

第四，解的非唯一性原理。在信息不完全、不充分、不确定的情况下，得到的解不可能唯一。

第五，最少信息原理。灰色系统理论的特点是充分开发利用已占有的"最少信息"，然后在灰朦胧集内演化增补，最后发展到从灰到白。

第六，根据认知原理。灰色系统理论认为信息是认知的根据。

3.4.3　灰色系统模型

灰色系统模型简称 GM 模型，建模的实质就是利用原始数据序列建立微分方程的动态模型。其中 GM（1，1）是常见的预测模型，也是 GM 模型的核心[197,198]。根据文献 ［195］和 ［198］，一阶微分方程的表达形式如下：

$$\frac{dx^{(1)}}{dt} + ax^{(1)} = u \tag{3.5}$$

其解为：

$$x^{(1)}(t+1) = \left[x^{(0)}(1) - \frac{u}{a} \right] e^{-at} + \frac{u}{a} \tag{3.6}$$

运用最小二乘法可求得：

$$\hat{a} = (B^T B)^{-1} B^T y = \begin{bmatrix} a \\ u \end{bmatrix} \tag{3.7}$$

其中：

$$B = \begin{bmatrix} -\dfrac{1}{2}[x^{(1)}(1) + x^{(1)}(2)] & 1 \\ -\dfrac{1}{2}[x^{(1)}(2) + x^{(1)}(3)] & 1 \\ \vdots & \vdots \\ -\dfrac{1}{2}[x^{(1)}(n-1) + x^{(1)}(n)] & 1 \end{bmatrix}, y = \begin{vmatrix} X^{(0)}(2) \\ X^{(0)}(3) \\ \vdots \\ X^{(0)}(n) \end{vmatrix} \tag{3.8}$$

得到响应函数：

$$X^{(1)}(t+1) = \left[X^{(0)}(1) - \frac{u}{a} \right] e^{-at} + \frac{u}{a} \tag{3.9}$$

$X^{(1)}(t+1)$ 为所得的累加的预测值，可将其还原为：

$$\hat{X}^{(0)}(t+1) = \hat{X}^{(1)}(t+1) - \hat{X}^{(1)}(t), \ t = 1, 2, 3, \cdots, n \tag{3.10}$$

一般 GM(1，1) 模型由以下几种形式：

（1）灰微分方程形式：

$$\frac{dx^{(1)}}{dt} + ax^{(1)} = u \tag{3.11}$$

（2）灰差分形式：

$$x^{(0)}(t) + az^{(1)}(t) = u \tag{3.12}$$

（3）指数相应形式：

$$\begin{cases} \hat{x}^{(1)}(t+1) = \left[x^{(1)}(1) - \dfrac{u}{a} \right] e^{-at} + \dfrac{u}{a} \\ \hat{x}^{(0)}(t+1) = -a \left[x^{(0)}(1) - \dfrac{u}{a} \right] e^{-at} \end{cases} \tag{3.13}$$

（4）灰指数形式：

$$x^{(0)}(t) = \left(\frac{1 - 0.5a}{1 + 0.5a} \right)^{t-2} \left[\frac{u - ax^{(0)}(1)}{1 + 0.5a} \right] \tag{3.14}$$

另外，还有 a 参数级比形式、b 参数级比形式等。然后可考虑对其预测结果进行检验，常见的检验有残差检验、后验差检验、关联度检验等。

（1）残差检验：

计算原始序列和灰色预测序列之间的。

绝对误差：

$$\varepsilon^{(0)}(i) = x^{(0)}(i) - \hat{x}^{(0)}(i) ; i = 1, 2, \cdots, n \tag{3.15}$$

相对误差：

$$\omega^{(0)}(i) = \left[\frac{x^{(0)}(i) - \hat{x}^{(0)}(i)}{x^{(0)}(i)} \right] \tag{3.16}$$

其中 $\hat{x}^{(0)}(i) = \hat{x}^{(1)}(i) - \hat{x}^{(1)}(i-1)$。

相对误差越小，模型精度越高。

（2）后验差检验：

首先计算原始序列 $x^{(0)}(i)$ 的均方差：

$$S_0 = \sqrt{\frac{S_0^2}{n-1}}, 而 S_0^2 = \sum_{i=1}^n \left[x^{(0)}(i) - \bar{x}^{(0)} \right]^2, \bar{x}^{(0)} = \frac{1}{n} \sum_{i=1}^n x^{(0)}(i) \tag{3.17}$$

其次，计算残差序列 $\varepsilon^{(0)}(i)$ 的均方差：

$$S_1 = \sqrt{\frac{S_1^2}{n-1}}, 而 S_1^2 = \sum_{i=1}^n \left[\varepsilon^{(0)}(i) - \bar{\varepsilon}^{(0)} \right]^2, \bar{\varepsilon}^{(0)} = \frac{1}{n} \sum_{i=1}^n \varepsilon^{(0)}(i) \tag{3.18}$$

再次计算方差比

$$c = \frac{S_1}{S_0} \tag{3.19}$$

最后计算小误差概率：

$$p = P\left\{ \left| \varepsilon^{(0)} - \bar{\varepsilon}^{(0)} \right| < 0.6745 S_0 \right\} \tag{3.20}$$

根据文献［193］，模型的预测精度等级划分如表 3.2 所示。

表 3.2 预测精度等级划分

小误差概率 p 值	方差比 c 值	预测精度等级
> 0.95	< 0.35	好
> 0.80	< 0.5	合格
> 0.70	< 0.65	勉强合格
≤ 0.70	≥ 0.65	不合格

资料来源：邓聚龙（1982）［193］。

3.5

区域碳排放的驱动要素、政策效果及减排路径研究的总体框架

区域碳排放的驱动要素、政策效果及减排路径研究的具体内容包括区域碳排放影响因素模型的构建、区域碳排放与经济增长解耦模型的构建、区域低碳试点

政策实施效果的评估、区域碳减排路径的提出和提出方法的验证五个部分的内容，针对各部分内容所使用的具体理论和方法如图 3.2 所示。

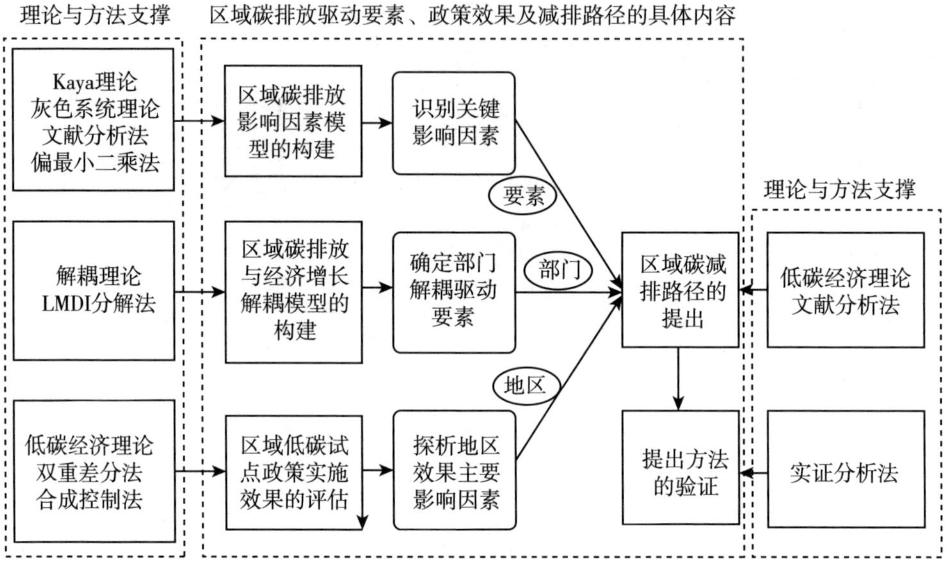

图 3.2　区域碳排放驱动要素、政策效果及减排路径的总体框架

关于区域碳排放驱动要素、政策效果及减排路径各项具体内容的说明如下：

（1）区域碳排放影响因素模型的构建。依据 Kaya 理论和灰色系统理论的基本原理建立区域碳排放影响因素模型和预测模型，采用文献分析法对碳排放影响因素指标进行归纳，运用偏最小二乘法对影响区域碳排放的关键因素进行识别。

（2）区域碳排放与经济增长解耦模型的构建。基于区域碳排放解耦效应中部门贡献的重要性，依据解耦理论并运用 LMDI 分解分析法，建立考虑部门因素的区域碳排放扩展 Tapio 解耦模型，将解耦的驱动要素分解为经济水平要素、产业结构要素、能源强度要素、能源结构要素和能源排放系数要素，进而确定部门解耦状态、驱动要素及贡献。

（3）区域低碳试点政策实施效果的评估。考虑到区域低碳试点政策效果的异质性问题，依据低碳经济理论，给出了基于双重差分法和合成控制法的区域低碳试点政策实施效果分析方法，用于分析区域整体平均化政策效果和单个试点城市的政策效果，从而探析地区减碳效果的关键影响因素。

（4）区域碳减排路径的提出。依据碳排放关键影响因素、部门解耦驱动要素及地区减碳效果主要影响因素的识别结果，针对区域碳减排的薄弱环节，依据低碳经济理论和文献分析方法，分别从要素、部门和地区3个角度及14个维度，提出有针对性的区域碳排放的减排路径。

（5）提出方法的验证。采用实证分析方法，使用上述（1）~（4）中提出的方法对河北省碳排放的驱动要素、政策效果及减排路径进行研究，验证提出方法的可行性与有效性。

3.6
本章小结

本章概述了低碳经济理论、Kaya理论、解耦理论和灰色系统理论，在此基础上，给出了区域碳排放驱动要素、政策效果及减排路径研究的总体框架。第一，关于低碳经济的理论研究，主要介绍低碳经济产生的背景、低碳经济的内涵、低碳经济的特征、低碳城市和低碳试点城市；第二，介绍了Kaya理论；第三，关于解耦的理论研究，主要介绍解耦的概念和解耦指数测算模型；第四，从灰色系统的概念、基本原理和灰色系统模型三个方面对灰色系统理论进行了阐述；第五，提出本书总体研究框架。通过本章的工作，奠定了本书研究的理论基础，明确了本书的研究问题，建立了后续章节研究工作的体系结构。

第4章

区域碳排放的测算及关键
影响因素识别方法

　　影响因素的确定及关键影响因素的识别是研究区域碳排放的基础工作，也是区域低碳试点政策实施效果分析及提出区域减排路径的前提基础。因此，区域碳排放关键影响因素的识别，在本书的研究中具有重要的地位和作用。本章首先介绍区域碳排放量测算方法，其次借助文献分析法归纳出区域碳排放的影响因素，并构建区域碳排放影响因素的 STIRPAT 模型，再次给出关键影响因素的识别方法和识别依据，最后介绍了区域碳排放的 GM(1，1) 灰色预测模型。

4.1
区域的界定及碳排放的测算

4.1.1　区域的界定

　　区域是一个有机整体，不是任意划界的一块地区，而是一个有意义的地区。一切区域都是假定的，是为了达到一定目的而划分的[10]。一个国家的低碳经济发展不仅需要从国家层面进行研究，更需要从区域格局变化来把握。实际上，在碳减排工作中，地方政府是重要的管理者和实施者，从省级层次上对碳排放影响因素等内容进行研究具有重要意义，据此制定的减排路径才更具有针对性和可操作性。因此，鉴于本书的研究内容和研究目的，将研究区域界定为中观尺度的省级区域。

　　由于区域会从外部输入能源，也可能向外部输出能源，由此便会产生省级区域之间的能源调入及调出所产生的碳排放问题，因而省级区域的碳排放除了化石能源燃烧产生的直接碳排放之外，还需要将其能源调入调出所产生的碳排放计入。

4.1.2　区域碳排放测算方法

截至目前，大部分国家都没有公布碳排放量的直接检测数据。从国内外现有的文献来看，学者们从多角度采用多种方法对碳排放进行估算，主要有实测法、物料衡算法、模型法、生命周期法等。其中，实测法是一种自下而上的测算，测试结果准确，但受采集样品的约束且操作难度大。物料衡算法和生命周期法也由于统计数据及统计口径的限制，使用起来较困难。下面介绍两种较常用的方法。

（1）分解法。

分解法是通过对 Kaya 恒等式的转化运算，将碳排放量分解成若干个关键变量，同时分析各变量对目标变量变化影响的贡献程度。Kaya 恒等式将碳排放量与能源消费量（E）、经济发展水平（GDP）和人口（P）联系起来，表现出碳排放量与能源强度（E/G）、经济发展（G/P）、碳排放系数（C/E）和人口数量（P）在宏观上的量化关系。上述变量 E、G、P 的数据通过相关年鉴或简单的计算较易获得，因此要测算某一地区的碳排放总量，关键在于确定各类能源消费的碳排放系数。

（2）IPCC 测算方法。

2006 年联合国政府间气候变化专门委员会（Intergovernmental Panel on Climate Change，IPCC），在为联合国气候变化框架公约制定的国家温室气体清单指南中提供了三种详细程度不同的碳排放计算方法，包括直接基于燃料消耗量的清单计算方法、基于部门划分的清单计算方法和基于详细技术的清单计算方法。其中，第一种方法是现今国际上通用的碳排放估算方法，具有较高的实用性，不同的国家和地区可灵活选择能源品种进行碳排放测算、分析和比较[199]。用公式表示如下：

$$C = \sum_i E_i \times \partial_i \tag{4.1}$$

其中，C 为碳排放量，E_i 为不同种类能源 i 的消费量，∂_i 为不同种类能源 i 的碳排放系数。由此，计算一个国家或区域的碳排放量只需要获得各燃料的消费情况以及各类燃料的排放因子，就可算出近似的能源温室气体排放总量。但由于能源统计的复杂性以及不同地区能源品质和发热量存在差异，因此在使用时应根据实际情况做出修正。基于 IPCC 的测算方法对于统计数据不够详尽的情况有较好的适用性，简便容易操作，在实际计算中应用最为广泛，本书采用这种方法。

能源活动是区域碳排放的重要来源，各省级区域的碳排放不仅包括由化石能源燃烧活动产生的直接温室气体碳排放，还包括由热力、电力调入调出所引发的间接碳排放。因此，区域碳排放总量可表示为：

$$C = C_1 + C_2 \tag{4.2}$$

其中，C 为区域碳排放总量，C_1 为直接碳排放量，C_2 为间接碳排放量。下面分别对两者的计算过程进行说明。

4.1.2.1 直接碳排放测算方法

化石能源燃烧的直接碳排放是我国区域碳排放的主要来源。区域能源活动中化石能源燃烧产生的碳排放量采用《中国能源统计年鉴》中各区域能源平衡表中的相关数据进行分产业部门核算。《中国能源统计年鉴》中各区域能源平衡表的能源消费数据的分类标准，是将产业部门分为七大类别：农、林、牧、渔、水利业，工业，建筑业，交通运输、仓储和邮政业，批发、零售业，住宿、餐饮业，生活消费和其他部门，该分类包括各产业主要的能源消费部门，对于判断碳排放的主要消费来源具有重要的参考价值。本书参考上述分类，将产业部门分为：农、林、牧、渔、水利业（简称为农业），工业，建筑业，交通运输、仓储和邮政业（简称为交通运输业），批发、零售业和住宿、餐饮业（简称为批发零售业），生活消费和其他服务业。各种能源的热值及碳排放因子如表 4.1 所示。

表 4.1　　　　　　各种能源的热值及碳排放因子

能源名称	平均低位发热量（千焦/千克）	碳排放因子（千克/10^6 千焦）
原煤	20908	27.4
洗精煤	26344	25.4
其他洗煤	14636	26.1
型煤	17460	33.6
焦炭	28435	29.5
焦炉煤气	17406	13.6
高炉煤气	3279	70.8
转炉煤气	7413	49.6
其他煤气	15758	12.1

续表

能源名称	平均低位发热量（千焦/千克）	碳排放因子（千克/10^6 千焦）
原油	41816	20.1
汽油	43070	18.9
柴油	42652	20.2
煤油	43070	19.6
燃料油	41816	21.1
液化石油气	50179	17.2
炼厂干气	46055	18.2
其他石油制品	41816	20.0
天然气	38931	15.3

资料来源：平均低位发热量来源于《综合能耗通则》，碳排放因子来源于 IPCC 和《省级温室气体清单编制指南》。

根据政府间气候变化专门委员会 IPCC（2006）[199] 提供的方法来计算区域直接碳排放量。具体公式如下：

$$C_1 = \sum_i \sum_j E_{ij} \times \partial_{ij} = \sum_i \sum_j E_{ij} \times NCV_j \times CEF_j \times COF_{ij} \qquad (4.3)$$

其中，C_1 为该年度直接碳排放量（万吨），i 为产业部门，j 为能源种类，E_{ij} 为该年度第 i 产业部门第 j 种能源的消费量（实物量，单位为万吨或亿立方米），∂_{ij} 为第 i 产业部门第 j 种能源的碳排放系数，NCV_j 为第 j 种能源的平均低位发热量（千焦/千克或千焦/立方米），CEF_j 为第 j 种能源的碳排放因子，表示单位热值含碳量，单位为千克/10^6 千焦，COF_{ij} 为第 i 产业部门第 j 种能源的碳氧化因子，即能源燃烧时的碳氧化率。各部门化石燃料的碳氧化系数如表4.2所示。

表 4.2　　　　各部门化石燃料的碳氧化系数

能源类型	农业	工业	建筑业	交通运输业	批发零售业	生活消费	其他服务业
原煤	0.899	0.899	0.899	0.80	0.80	0.80	0.80
洗精煤	0.899	0.899	0.899	0.80	0.80	0.80	0.80
其他洗煤	0.899	0.899	0.899	0.80	0.80	0.80	0.80
型煤	0.899	0.899	0.899	0.80	0.80	0.80	0.80

续表

能源类型	农业	工业	建筑业	交通运输业	批发零售业	生活消费	其他服务业
焦炭	0.97	0.97	0.97	0.97	0.97	0.97	0.97
焦炉煤气	0.99	0.99	0.99	0.99	0.99	0.99	0.99
高炉煤气	0.99	0.99	0.99	0.99	0.99	0.99	0.99
转炉煤气	0.99	0.99	0.99	0.99	0.99	0.99	0.99
其他煤气	0.99	0.99	0.99	0.99	0.99	0.99	0.99
原油	0.98	0.98	0.98	0.98	0.98	0.98	0.98
汽油	0.98	0.98	0.98	0.98	0.98	0.98	0.98
柴油	0.98	0.98	0.98	0.98	0.98	0.98	0.98
煤油	0.98	0.98	0.98	0.98	0.98	0.98	0.98
燃料油	0.98	0.98	0.98	0.98	0.98	0.98	0.98
液化石油气	0.98	0.98	0.98	0.98	0.98	0.98	0.98
炼厂干气	0.98	0.98	0.98	0.98	0.98	0.98	0.98
其他石油制品	0.98	0.98	0.98	0.98	0.98	0.98	0.98
天然气	0.99	0.99	0.99	0.99	0.99	0.99	0.99

资料来源：IPCC 和《省级温室气体清单编制指南》。

（1）能源种类的选择。

能源平衡表中的能源种类繁多，如果对它们一一进行测算，不仅核算过程烦琐而且很有可能造成重复计算，因此，在此基础上去掉一些不主要用于燃烧的能源，得出用于计算直接碳排放量的能源种类：原煤、洗精煤、其他洗煤、型煤、焦炭、焦炉煤气、高炉煤气、转炉煤气、其他煤气、原油、汽油、煤油、柴油、燃料油、液化石油气、炼厂干气、其他石油制品、天然气。

（2）能源消费量数据的选择。

能源平衡表中分燃料品种的"能源消费量"数据有三项，分别为"可供本地区消费的能源""终端消费量""消费量合计"，这三项都可被用来作为核算碳排放量的数据，但最终的结果并不一致。本书采用自下而上的核算方法，在"终端消费量"数据的基础上进行调整，将能源加工转换部分的"火力发电""供热"和"炼焦"数据求和后取绝对值加上终端消费量减去终端消费量中用作原料的燃料消费量，所得结果用来测算碳的直接排放量。由于在能源加工转换的生产环节已经核算了电力、热力部分，因此这里核算的能源品种范围不包括电力与热力。

（3）各种能源碳排放系数的确定。

化石燃料的碳含量与能源的热值密切相关，因此可将能源消费实物量转换为热值单位进行计算，平均低位发热量和碳排放因子详见表4.1。而化石能源在燃烧过程中，有效的燃烧可以确保燃料中的碳被最大程度的氧化，其中存在一小部分的碳在燃烧过程中可能未被氧化，因此，在测算碳排放量的过程中还需要考虑每个部门各种能源燃烧的碳氧化系数。可使用 IPCC 中关于各部门化石燃料的氧化系数，同时借鉴国内外相关研究对碳氧化系数进行细分，得出各部门不同能源的碳氧化系数（见表4.2）。

依据上述各表中的数据，可以计算出各部门各种能源的碳排放系数，从而核算出区域整体及其各部门的直接碳排放量。

4.1.2.2 间接碳排放测算方法

电力、热力的调入调出部分产生的碳排放被视为间接碳排放。中国各省区市热力基本上都由内部热力厂供应，很少有热力与其他省份发生交换，因此间接碳排放主要来源于二次能源电力，电力的调入调出产生的碳排放是其主要构成，具体核算方法可利用"可供本地区消费的能源量"下的电力调入或调出量乘以调入或调出电量所属区域电网平均碳排放因子进行计算。计算公式为：

$$C_2 = (AD - BD) \times EF \tag{4.4}$$

其中，C_2 为该年度间接碳排放量（万吨），AD、BD 分别为该年度调入和调出的电量（亿千瓦小时），EF 为电力碳排放因子。由于各年度各区域的电力碳排放因子有所区别，因此采用 2010 ~ 2012 年国家发改委公布的各区域电网的平均二氧化碳排放因子，同时换算成平均碳排放因子对电力的间接碳排放量进行测算（见表4.3）。由于 2010 年之前和 2012 年之后国家发改委并未发布平均二氧化碳排放因子，因此 2010 年之前的间接碳排放量测算采用 2010 年的平均碳排放因子，2012 年之后的间接碳排放量测算采用 2012 年的平均碳排放因子。

表4.3 电力碳排放因子表（千克碳/千瓦时）

年份	2010	2011	2012
华北区域电网	0.24123	0.24455	0.24117
东北区域电网	0.21941	0.22334	0.21188
华东区域电网	0.19587	0.19443	0.19186

续表

年份	2010	2011	2012
华中区域电网	0.1548	0.16241	0.14337
西北区域电网	0.18976	0.18709	0.18194
南方区域电网	0.16255	0.15676	0.14375

资料来源：国家发展和改革委员会应对气候变化司组织国家应对气候变化战略研究和国际合作中心。

4.2

区域碳排放影响因素模型

4.2.1 变量选取依据

影响碳排放的因素很复杂，只有明确区域碳排放的关键影响因素以及各因素对碳排放的作用机制，才能找到相应的减排对策来降低碳排放，缓解碳排放对经济和社会的压力。Grossman 和 Krueger（1995）[200]提出影响环境的三大主要因素——经济规模、经济结构和技术水平，并称其为规模效应、结构效应和技术效应。在此理论框架的基础上，Antweiler 等（2001）[201]创建了开放经济条件下环境污染的一般均衡理论模型，从环境污染的理论假设出发，推出一国（或地区）的环境污染由规模效应、结构效应、技术效应及贸易效应构成。

国内外众多学者应用了多种分析模型及方法对碳排放的影响因素进行研究，主要有 IPAT 模型[41]、STIRPAT 模型[43]、Kaya 法[202]、投入产出模型[203]、Laspeyres 指数分解法[204]、LMDI 分解法[205,206]、AWD 方法[207]、GFI 方法[208,209]、聚类分析[210]等。这些研究方法从经济水平、产业结构、技术水平、能源结构等不同方面分析了碳排放的影响因素。

大量研究表明，经济发展水平和技术水平是影响碳排放的最主要因素。Shafik 和 Bandyopadhyay（1992）[211]通过分析不同收入水平国家的环境变化模式，发现人均收入对环境质量影响最大，技术水平有利于改善环境质量。Paul 和 Bhattacharya（2004）[212]发现经济增长对所有经济部门的碳排放产生了最大的正面影响，能源利用效率的提高降低了工业和交通运输部门的碳排放。Wang 等（2005）[213]运用 LMDI 方法对 1957~2000 年中国二氧化碳排放量进行了全面分解，发现经济增长显著地增加了二氧化碳排放，而能源强度作为技术变量，其提高显著地降低了二氧化碳排放量。李国志和李宗植（2011）[214]运用STIRPAT模型和LMDI方法对中国30个省区市1995～2007年的二氧化碳排放量进行分析，发现经济增长和碳排放之间呈现"U"形曲线关系，经济增长是碳排放最主要的驱动因素，技术进步即能源强度下降对碳减排有较强的促进作用。魏巍贤和杨芳（2010）[215]结合1997～2007年中国各省区市的面板数据对二氧化碳排放的影响因素进行实证分析，发现二氧化碳排放量上升与经济总量扩大和工业化水平提高等因素正相关，自主研发和技术引进对二氧化碳减排具有显著的促进作用。林伯强和刘希颖（2010）[31]发现人均国内生产总值和能源强度是影响中国碳排放总量的最主要因素。王长建等（2016）[39]发现经济增长效应是广东碳排放增长的最主要贡献因子，能源强度效应是遏制广东碳排放增长的重要贡献因子。徐国泉等（2006）[205]发现经济发展对拉动中国人均碳排放的贡献率呈指数增长，能源效率对抑制中国人均碳排放呈倒"U"形。李玉玲等（2018）[216]采用LMDI分解法探讨了土地利用碳排放变化的影响因素，发现能源强度是唯一抑制碳排放增加的负效应因素，经济规模是最大的正效应因素。Lee等（2017）[217]、王泳璇等（2017）[218]、鲁万波等（2013）[219]、Siddiqi（2000）[220]等都认为，经济增长和能源强度分别是碳排放的第一助长因素和制约因素。

城镇化率、产业结构对碳排放有显著影响。Maruotti（2008）[221]分析了城市化对发展中国家二氧化碳排放的影响，研究表明两者关系表现为反向"U"形曲线。Poumanyvong和Kaneko（2010）[222]以不同的发展阶段为研究对象，发现城市化对碳排放的影响对所有收入群体都是积极的。Puliafito等（2008）[223]建立Lotka - Volterra模型来描述人口结构、GDP、能源消费和碳排放之间的关系，发现人口结构（城镇化率）对碳排放产生了显著影响。朱勤和魏涛远（2013）[35]发现城镇化对碳排放增长的驱动力已持续超过人口规模的影响。韩梦瑶等（2017）[224]通过对比不同国家碳排放及碳强度的变化趋势，利用变系数面板模型探究了碳排放和碳强度的关键影响因素，发现不同影响因素对于不同国家碳排放影响程度各不相同，其中城市化率对于碳排放降低有着显著的促进作用。黄蕊等（2016）[225]利用STIRPAT模型分析了江苏省碳排放的影响因素，发现城市化水平每变化1%，碳排放量发生0.151%变化。邱立新和徐海涛（2018）[226]通过地理加权回归模型对具有代表性的13个城市为样本实证分析了碳排放的影响因素，发现工业结构对城市碳排放的影响程度总体呈下降趋势，城市化水平对京津冀及东北城市群碳排放的影响更显著并呈现"V"形变化。陈邦丽和徐美萍（2018）[227]运用扩展STIRPAT模型探究影响中国碳排放的主要因素，发现人均GDP、城市化水平、第二产业比重对碳排放有显著驱动作用，而外商直接投资、创新水平对碳排放产生抑制作用。张勇等（2014）[228]基于 STIRPAT 模型，运用因子主成分回归方法分析了安徽省碳排放增长的驱动因子，发现产业结构、城镇人口比重是碳排放的驱动因子，能源强度是碳排放的抑制因子。王世进和周敏（2013）[229]构建了省域 GMM 动态面板数据模型发现，从全国来看，人均国内生产总值、产业结构、城市化水平、能源消费结构对碳排放有显著的正向影响；从区域来看，城市化水平对东部和西部地区的碳排放有负向影响，对中部地区有正向影响。

此外，能源结构和能源价格也对碳排放有一定的影响作用。郭沛等（2016）[230]基于 LMDI 模型对山西省的碳排放影响因素进行分析，发现能源结构、产业结构表现为减碳因素。王长建等（2016）[231]基于扩展的 Kaya 恒等式和 LMDI 分解模型，解析了 1952～2010 年新疆碳排放的主要驱动因素，发现经济产出效应和能源强度效应分别是促进和遏制碳排放增长的重要贡献因子，能源结构效应和能源替代效应也轻微地遏制了新疆碳排放增长。李百吉和张倩倩（2017）[232]基于 LMDI 因素分解法从产业和地区两个层面对地区碳排放影响因素进行了分析，发现经济发展是地区碳排放增长的主要驱动因素，能源强度是主要抑制因素，产业结构和能源结构贡献度在三地作用不一致。冯博和王雪青（2015）[233]、李湘梅和叶慧君（2015）[234]、李跃等（2017）[235]均认为，能源结构是碳排放的影响因素之一。汪臻和汝醒君（2015）[236]发现能源消费结构的改变和能源价格的不断上升促进了居民生活用能消费及碳排放量的降低。范如国和吴洋（2015）[237]发现能源价格通过其他因素对碳排放具有调节效应。邱强和顾尤莉（2017）[238]发现国际能源价格、国际石油价格和国际煤炭价格均是人均碳排放量的格兰杰原因，3 种国际能源价格对人均碳排放量具有直接显著正的影响。

前人的研究丰富了我们对碳排放影响因素的认知，总结起来，碳排放影响因素的相关变量主要包括以下几个方面，相应指标变量的详细描述如表 4.4 所示。

表 4.4　　　　　　　　　　　　模型变量说明

指标	变量	计算公式及说明	单位
环境影响	C	碳排放量	万吨
经济水平（人均 GDP）	A	生产总值/人口总数	元/人
能源强度（单位 GDP 能耗）	EI	能源消费量/生产总值	吨标准煤/万元
研发产出	RD	能源技术相关专利数	件

续表

指标	变量	计算公式及说明	单位
城镇化率	UB	城镇人口数/人口总数	百分比
第二产业比重	IB	第二产业增加值/生产总值	百分比
工业比重	IIB	工业增加值/第二产业增加值	百分比
能源结构	EB	煤炭消费量/能源消费总量	百分比
能源价格	EP	原材料、燃料、动力价格指数	—

（1）经济水平。经济增长是影响碳排放的主要因素之一，本书用人均 GDP 作为衡量经济发展水平的指标。

（2）技术水平。如何度量技术水平是一个难题。能源强度是众多学者采用的一个衡量技术水平的指标。除此之外，在国家倡导通过技术进步来减少各部门能源消耗的背景下，各区域投入了大量的资金用于研发与技术引进，由此产生的科研成果和技术专利对于降低碳排放起到了不可忽视的作用。因此，研发产出应该成为衡量技术水平的一个重要方面[239,240,241]。鉴于数据的可获得性，相关文献中一般使用专利数量作为衡量研发产出的指标，它可以在一定程度上反映技术创新的成果[215]。因此，本书采用能源技术相关的专利数量作为衡量技术水平的另一个指标[242]。

（3）人口结构。已有文献表明，人口是影响碳排放的重要因素之一。近些年，城市化进程加快对能源消费量产生了较大的影响。因此，与人口规模相比，人口结构因素更能反映出城市化进程加快所带来的能源消费和碳排放的增加，本书用城镇化率作为衡量人口结构的指标。

（4）产业结构。学者们在分析产业结构对碳排放的影响时一般只考虑工业比重，本书同时考虑工业比重和第二产业比重，将两者作为产业结构的衡量指标，更全面地测度产业结构对碳排放的影响程度。

（5）能源结构。能源结构作为碳排放的影响因素之一，往往被学者们所忽视。一直以来，中国都坚持调整能源结构、加大可再生能源的开发及利用的低碳政策，但由于以煤炭为主的消费结构根深蒂固，能源结构在短时期内无法彻底改变，导致碳排放量持续上升。因此，在分析碳排放影响因素时，能源结构因素应该被考虑在内。

（6）能源价格。一般来说，价格是影响需求的重要因素，能源价格对能源消费量也应具有一定的影响。有些学者选取煤炭价格或者石油价格来代表能源价格，考虑到省域数据的可获得性，原材料、燃料、动力购进价格是各地区能源消费支出的主要成本[243]。因此，本书采用原材料、燃料、动力购进价格指数作为衡量能源价格的指标。

4.2.2　基于 STIRPAT 的碳排放影响因素模型构建

美国人口学家 Ehrlich 和 Holden 于 1971 年在其研究成果中首次提出了"IPAT"模型[41,244]，用来定量研究人口、经济以及技术因素对环境压力带来的影响。根据相关文献［41］，此模型可以表达成如下形式：

$$I = P \times A \times T \tag{4.5}$$

其中，I（Impact）表示环境影响，一般指某种气体、废弃物的排放或温室气体的排放等；P（Population）表示人口规模，一般指一个国家或地区的人口总数；A（Affluence）表示富裕度，一般用人均 GDP 表示，反映了一个国家或者地区的经济发展状况以及人均消费水平；T（Technology）表示技术水平，一般以单位 GDP 产出的环境压力来表示，反映了一个国家或地区经济发展对环境或资源的依赖程度。

Dietz 等人于 1994 年在传统的 IPAT 模型上进行了扩展，提出了随机回归影响模型——STIRPAT（StochasticImpacts by Regression on Population，Affluence，and Technology），根据相关文献［42］，模型可表示为：

$$I_t = a \times P_t^b \times A_t^c \times T_t^d \times \varepsilon_t \tag{4.6}$$

其中，I 为环境影响，P 为人口数，A 为富裕程度，T 为技术水平，a 为比例常数项；b、c、d 为指数项，分别是 P、A、T 相对应的弹性系数，表示当其他影响因素保持不变时，P、A、T 每变化 1% 时，I 分别变化 b%、c%、d%，t 为年份，ε 为随机误差项。

由于 STIRPAT 模型是一个多自变量的非线性随机回归模型，为了消除其异方差性，通常对模型两边取对数，对数化后的 STIRPAT 模型允许进行扩展，可以增加其他影响因素，提高了模型的应用领域和分析解释能力。对式（4.6）两边取自然对数可得：

$$\ln I_t = \ln a + b \ln P_t + c \ln A_t + d \ln T_t + \ln \varepsilon_t \tag{4.7}$$

STIRPAT 模型不仅可以将每个系数作为一个参数进行测度，而且允许对每个因素做适当的分解，并根据不同的研究需要和目的，对模型中的影响因素做相应的改进[245,246,247]。

根据以上分析，结合 4.2.1 小节中归纳的区域碳排放影响因素变量，对式

（4.7）进行改进，构建区域碳排放的 STIRPAT 模型：

$$\ln C_t = \ln a + c\ln A_t + d\ln EB_t + e\ln EI_t + f\ln IB_t + g\ln IIB_t + h\ln UB_t + i\ln EP_t + j\ln RD_t + \ln \varepsilon_t \tag{4.8}$$

其中，C 为区域碳排放量，a 为常数项，c、d、e、f、g、h、i、j 代表相应变量的弹性系数，$\ln \varepsilon_t$ 代表随机误差项，t 为相应年份。

大量研究表明，发达国家普遍存在环境库兹涅茨曲线，但此曲线在中国有些区域并不存在[248,249]，而且在某些区域呈现出不同的状态[250]。为了验证区域是否存在倒"U"形的环境库兹涅兹（EKC 曲线），本书采用 York 的方法，在模型中加入经济水平变量的二次项，更全面地研究碳排放与经济增长之间的关系。根据文献[43]，在式（4.8）中加入 $(\ln A)^2$，区域碳排放的 STIRPAT 模型被进一步改进为：

$$\ln C_t = \ln a + c\ln A_t + k(\ln A_t)^2 + d\ln EB_t + e\ln EI_t + f\ln IB_t + g\ln IIB_t + h\ln UB_t + i\ln EP_t + j\ln RD_t + \ln \varepsilon_t \tag{4.9}$$

其中，c 和 k 分别为人均 GDP 的对数项 lnA 及对数平方项 $(\ln A)^2$ 的系数。当 c > 0，k < 0 时，说明区域存在环境库兹涅兹曲线，碳排放与经济增长之间存在倒"U"形关系，存在环境开始改善的人均 GDP 值；否则，区域不存在库兹涅兹曲线。

4.3

区域碳排放关键影响因素的识别方法及依据

4.3.1　识别方法

偏最小二乘回归是 1983 年由伍德（S. Wold）和阿巴诺（C. Albano）[251]等人提出的一种多元统计分析方法，近些年来发展迅速，可用于识别区域碳排放关键影响因素。偏最小二乘法在一个算法下，同时实现回归建模（多元线性回归）、数据结构简化（主成分分析）以及两组变量之间的相关性分析（典型相关分析），实现了多元统计分析的重大突破。

偏最小二乘法的优势[252]在于：

（1）解决了研究变量的时间序列较短时所造成的普通时间序列计量方法（如普通最小二乘法和协整）失效的问题。同时对变量约束较少，对于样本数少于解释变量等传统多元方法不适用的情况都具有明显的优势。

（2）当研究变量之间存在严重的多重共线性时，偏最小二乘法的处理结果比其他多元回归方法更为可靠，同时每个自变量的回归系数都比较容易解释。

（3）偏最小二乘法实现了多种数据分析方法的综合应用，集合了多元线性回归、主成分分析和典型相关分析的优点，避免了数据非正态分布、因子结构不确定性以及模型不能识别等潜在问题，并能够从非线性系统中有效地分析出研究变量间的线性关系。

根据文献［252］，偏最小二乘回归方法的步骤如下：

（1）将各研究变量的数据进行标准化处理，处理后的碳排放量 C 的数据矩阵记为 F_0，各影响因素变量（记为 X）的数据矩阵即为 E_0。

（2）从 F_0 和 E_0 中提取第一个主成分 μ_1（$\mu_1 = F_0 c_1$，$\| c_1 \| = 1$）和 t_1（$t_1 = E_0 \omega_1$，$\| \omega_1 \| = 1$），并使 μ_1 和 t_1 能够尽可能大地表达碳排放量 C 和影响因素变量 X 数据集中的变异信息，使 μ_1 和 t_1 的相关程度达到最大。

（3）第一个主成分提取出之后，分别实施碳排放量 C 对 μ_1 以及影响因素变量 X 对 t_1 的回归，如果回归结果满足相应统计学指标，则算法终止；否则，将利用碳排放量 C 被 μ_1 解释后的残余信息和影响因素变量 X 被 t_1 解释后的残余信息进行第二轮主成分提取，进行第二次回归分析。

（4）如此往复，直至达到满意的精度为止。最终，通过实施碳排放量对影响因素变量多个成分的回归，将碳排放量表达成原影响因素变量的回归方程。

4.3.2　识别依据

在进行偏最小二乘回归分析中，t_1 / t_2 离散图（T_2 椭圆图）和 t_1 / u_1 离散图可以用来解释偏最小二乘法的适用性。在 t_1 / t_2 离散图中，t_1 和 t_2 分别是从影响因素变量中依次提取出来的第一主成分和第二主成分，它们是代表尽可能多的影响因素变量信息对碳排放量进行最大限度地解释。如果 t_1 / t_2 离散图包括全部样本数据，则表明其对影响因素变量的代表程度非常高。在 t_1 / u_1 离散图中，如果样本数据呈现出接近于线性水平，则表示偏最小二乘线性回归模型适用于此研究。另外，观测数据和预测数据图（the Observed vs. Predicted Plot）可用于表示观测数据和预测数据的关系，直接体现了模型的拟合效果，越接近线性，表明偏最小二乘法对数据的解释程度越高。

区域碳排放关键影响因素的主要识别依据有两个：

一是指标重要性图（Variable Importance Projection，VIP），它用来表明影响因素变量对碳排放量的统计学重要性程度，VIP 值大于 1 表示该影响因素变量非常重要，小于 0.5 表明该影响因素变量不重要，处于 0.5 ~ 1 时，重要性随着 VIP 值的升高而逐渐增强，公式为：

$$VIP_j = \sqrt{\frac{k}{Rd(Y;t_1,\cdots,t_m)}\sum_{h=1}^{m}Rd(Y;t_h)w_{h_j}^2} \qquad (4.10)$$

其中，k 为影响因素变量的个数，Rd（Y；t_h）反映了第 h 个成分对碳排放量的解释能力，$w_{h_j}^2$ 用来体现影响因素变量 X_j 对成分 t_h 的边际贡献。

二是回归系数图（the Coefficients Plot），它表明了影响因素变量的变化对碳排放量的影响程度。如果回归系数为正，就说明该影响因素变量与碳排放为正向关系，否则为反向关系。影响程度大小由其绝对值的大小所决定，回归系数绝对值越大，说明对碳排放的影响程度就越大。一般在实际应用中，需要综合两者的分析结果，选取回归系数排序靠前且 VIP 值大于 0.5 的变量作为区域碳排放的关键影响因素。

4.4
区域碳排放的灰色预测模型

4.4.1　GM(1，1) 碳排放预测模型

目前国内外碳排放的预测方法一般包括趋势外推预测法、情景分析预测法、线性回归预测法、神经网络预测法和灰色系统预测法[253]。灰色预测方法是基于灰色系统理论，对含有不确定因素的系统进行预测。其通过鉴别系统因素之间发展趋势的相异程度，即进行关联分析，并对原始数据进行生成处理来寻找系统变动的规律，生成有较强规律性的数据序列，然后建立相应的微分方程模型，从而预测事物未来的发展趋势。灰色预测方法相比于其他碳排放预测方法具有运算简便、精度高、多重检验控制的特点，同时将研究对象作为一个系统整体进行研究，并能生成规律性较强的数据序列，克服了情景预测人为主观设定情景的局限性，线性回归预测中各因素线性发展的局限性，是能源预测中公认的应用比较多的预测方法[254]。因此，本书选用灰色 GM(1，1) 模型作为区域碳排放的预测分析模型，模型的具体设定如下：

首先，设区域碳排放量的 n 个元素为：

$$X_i^{(0)} = [x_i^{(0)}(1), x_i^{(0)}(2), \cdots, x_i^{(0)}(n)] \qquad (4.11)$$

$x_i^{(0)}$ 一阶累加生成序列为：

$$X^{(1)} = \left[x^{(1)}(1), x^{(1)}(2), \cdots, x^{(1)}(n) \right] \tag{4.12}$$

其中，

$$x^{(1)}(k) = \sum_{i=1}^{k} x^{(0)}(i), k = 1, 2, 3, \cdots, n \tag{4.13}$$

其次，根据一阶累加生成序列建立区域碳排放预测模型为：

$$x^{(0)}(k) + az^{(1)}(k) = b \tag{4.14}$$

其中，

$$z^{(1)}(k) = 0.5 x^{(1)}(k) + 0.5 x^{(1)}(k-1), k = 2, 3, \cdots, n \tag{4.15}$$

区域碳排放的灰色微分方程所对应的影子方程为：

$$\frac{dx^{(1)}(t)}{dt} + ax^{(1)}(t) = b \tag{4.16}$$

其中，a 为区域碳排放预测模型的发展系数，反映碳排放预测值 $\hat{x}^{(1)}(k)$ 和 $\hat{x}^{(0)}(k)$ 的发展态势；b 为灰色作用量，反映区域碳排放量变化的关系。

再次，求参数 a，b：

记 $\alpha = [a, b]^T$，由最小二乘法估计得到：$\alpha = (B^T B)^{-1} B^T Y$；

其中，

$$Y = \begin{bmatrix} x^{(0)}(2) \\ x^{(0)}(3) \\ \cdots \\ x^{(0)}(n) \end{bmatrix}, B = \begin{bmatrix} -z^{(1)}(2) & 1 \\ -z^{(1)}(3) & 1 \\ \cdots & \cdots \\ -z^{(1)}(n) & 1 \end{bmatrix}。$$

最后，在初始条件 $\hat{x}_i^{(1)}(1) = x_i^{(1)}(1) = x_i^{(0)}(1)$ 下，得到区域碳排放预测的时间响应序列为：

$$\hat{x}_i^{(1)}(k) = \left[x_i^{(0)}(1) - \frac{\hat{b}}{\hat{a}} \right] e^{-\hat{a}(k-1)} + \frac{\hat{b}}{\hat{a}} (k = 2, 3, \cdots, n) \tag{4.17}$$

$$\hat{x}^{(0)}(k) = \hat{x}^{(1)}(k) - \hat{x}^{(1)}(k-1) (k = 2, 3, \cdots, n) \tag{4.18}$$

即 $\hat{x}^{(0)}(1) = x^{(0)}(1)$，$\hat{x}^{(0)}(k) = (1 - e^{\hat{a}}) \left[x^{(0)}(1) - \frac{\hat{b}}{\hat{a}} \right] e^{-\hat{a}(k-1)} (k = 2, 3, \cdots, n)$。

4.4.2 预测精度检验

区域碳排放预测模型得到的预测值需要进行合格检验，本书参照赵爱文和李东（2012）[255]的做法，从相对误差、绝对关联度、均方差比值和小误差概率四个方面进行检验。

（1）残差检验模型。

残差检验是对区域碳排放的模拟值和实际值的残差进行逐点检验，用于衡量模拟值与实际值之间的偏离程度。

残差序列为：

$$\varepsilon^{(0)} = (\varepsilon_1, \varepsilon_2, \cdots, \varepsilon_n) = (x_1^{(0)} - \hat{x}_1^{(0)}, x_2^{(0)} - \hat{x}_2^{(0)}, \cdots, x_n^{(0)} - \hat{x}_n^{(0)})$$ (4.19)

相对误差序列为：

$$\Delta = (\Delta_1, \Delta_2, \cdots, \Delta_n) = \left(\left| \frac{\varepsilon_1}{x_1^{(0)}} \right|, \left| \frac{\varepsilon_2}{x_2^{(0)}} \right|, \cdots, \left| \frac{\varepsilon_n}{x_n^{(0)}} \right| \right)$$ (4.20)

则对于 $k \leqslant n$，称 $\Delta_k = \left| \dfrac{\varepsilon_k}{x_k^{(0)}} \right|$ 为 k 点模拟相对误差，$\bar{\Delta} = \dfrac{1}{n} \sum\limits_{k=1}^{n} \Delta_k$ 为平均相对误差。

（2）关联度检验模型。

关联度检验模型是体现区域碳排放模型值与原始值相近程度的模型，在几何图形上越接近，表明两者变化趋势越相似，关联度越大。

设 g 为 $x^{(0)}$ 与 $\hat{x}^{(0)}$ 的绝对关联度。若对于给定的 $g_0 > 0$，有 $g > g_0$，则称模型为关联度合格模型。

（3）均方差比检验模型。

设 $x^{(0)}$ 为区域碳排放原始序列，$\hat{x}^{(0)}$ 为相应的预测（模拟）序列，$\varepsilon^{(0)}$ 为残差序列，则 $x^{(0)}$ 的均值和方差分别为：

$$\begin{cases} \bar{x} = \dfrac{1}{n} \sum\limits_{k=1}^{n} x_k^{(0)} \\ S_1^2 = \dfrac{1}{n} \sum\limits_{k=1}^{n} (x_k^{(0)} - \bar{x})^2 \end{cases}$$ (4.21)

$\varepsilon^{(0)}$ 的均值和方差分别为：

$$\begin{cases} \bar{\varepsilon} = \dfrac{1}{n} \sum\limits_{k=1}^{n} \varepsilon_k \\ S_2^2 = \dfrac{1}{n} \sum\limits_{k=1}^{n} (\varepsilon_k - \bar{\varepsilon})^2 \end{cases}$$ (4.22)

均方差比值为 $C = \dfrac{S_2}{S_1}$，对于给定的 $C_0 > 0$，当 $C < C_0$ 时，称模型为均方差比合格模型。

（4）小误差概率检验模型。

区域碳排放预测的小误差概率计算公式为：

$$p = P \left\{ \left| \varepsilon_k - \bar{\varepsilon} \right| < 0.6745 S_1 \right\} \tag{4.23}$$

对于给定的 $p_0 > 0$，当 $p > p_0$ 时，称模型为小误差概率合格模型。

对于给定的一组取值，就确定了模型精度检验的一个等级，如表 4.5 所示。区域碳排放预测模型精度等级由四级至一级，模型精度逐渐升高。其中相对误差和均方差比值的指标值越小，预测精度越高。绝对关联度和小误差概率的指标值越大，预测精度越高。

表 4.5　　　　　　　　　区域碳排放预测精度检验

预测等级	预测指标			
	相对误差 Δ	绝对关联度 g_0	均方差比值 C_0	小误差概率 p_0
一级	0.01	0.90	0.35	0.95
二级	0.05	0.80	0.50	0.80
三级	0.10	0.70	0.65	0.70
四级	0.20	0.60	0.80	0.60

资料来源：赵爱文和李东（2012）[255]。

4.5

本章小结

本章主要研究工作是构建了区域碳排放影响因素的 STIRPAT 模型，给出了关键影响因素的识别方法和识别依据，介绍了区域碳排放的灰色预测模型。为了识别区域碳排放的关键影响因素，首先说明了区域碳排放量的测算方法；其次通过已有文献分析，归纳筛选了相关影响因素，构建区域碳排放 SRIRPAT 模型；再次介绍了区域碳排放关键影响因素的识别方法——偏最小二乘法和识别依据；最后分析了区域碳排放的 GM(1, 1) 灰色预测模型和精度检验方法。通过本章的研究，得到的主要结论如下：

（1）区域碳排放量测算包括两部分：直接碳排放量和间接碳排放量。直接碳排放是指由化石能源燃烧活动直接产生的温室气体碳排放；间接碳排放是指热力、电力调入调出所引发的碳排放。

（2）区域碳排放的影响因素包括：经济水平（人均 GDP）、技术水平（能源强度、研发产出）、人口结构（城镇化率）、产业结构（工业比重、第二产业比重）、能源结构（煤炭消费量占比）、能源价格（原材料、燃料、动力购进价格指数）。偏最小二乘回归方法能对区域碳排放的关键影响因素进行识别，识别的主要依据为指标重要性程度和回归系数的绝对值大小。

（3）GM(1，1) 灰色模型可以作为区域碳排放的预测和分析模型，灰色预测模型精度检验包括：残差检验模型、关联度检验模型、均方差比检验模型和小误差概率检验模型。

通过本章的工作，建立了识别区域碳排放关键影响因素的研究体系，为区域碳排放的减排路径提供了依据。

第5章

区域碳排放与经济增长的解耦模型

为了探究区域碳排放与经济增长之间的关系及其成因，构建区域碳排放解耦模型是非常必要的，它能够为研究区域及部门解耦状态及解耦驱动要素提供一个理论框架。本章首先选取对数平均迪氏指数分解法作为碳排放因素分解的研究方法，阐述了基于 LMDI 的碳排放因素分解模型；其次构建了区域扩展 Tapio 解耦模型，并将其延伸为考虑部门因素的解耦模型；最后分析了整体及部门的解耦状态和解耦驱动要素，对解耦的具体状态和不同驱动要素进行解释。

5.1
碳排放因素分解模型

5.1.1 因素分解法

自 20 世纪 80 年代以来，能源消费的碳排放影响因素研究成为环境经济学及能源经济学的主要研究方向，因素分解分析法也成为解决这一问题的较流行的实用工具。因素分解分析方法是通过考察涉及能源消费以及碳排放的描述性指标进行影响因子分析，这些指标包括生产总值、人均生产总值、城镇化率、人口规模、能源强度、产业结构以及能源消费结构等。较为常见的因素分解方法包括结构性因素分解分析法（Structural Decomposition Analysis，SDA）和指数因素分解分析法（Index Decomposition Analysis，IDA），研究学者可根据具体应用和研究对象来选择适合的因素分解分析方法及指标。

（1）结构性因素分解分析方法。

SDA 是一种基于投入—产出表对碳排放影响因素作定量分析的方法，因此也被称为投入产出分解分析方法。20 世纪 60 年代以来，能源、环境等方面也陆续采用了投入产出的技术研究，尤其是环境的投入—产出（I/O）模型发展较快，许多学者基于 Leontief 生产函数方程扩展出许多相关的研究模型。

投入产出模型的基础是交易表，该表由两个会计恒等式组成：总投入等于总产出；中间销售总量等于中间购买总量。该表明确了行业间的交易信息，是国家账户的拓展，是账户的核心内容。在实际研究中，投入产出模型所假定两者的正比关系使研究人员可以利用 Leontief 生产函数方程作为投入产出分析的基础，同时进行相关矩阵系数的计算，从而展开相关理论及应用研究[256]。

环境投入—产出模型可以应用于国家或地区的能源消耗以及碳排放影响因素的分析。在对碳排放影响因素进行分析时，一般会将碳排放量分解为各种能源的碳排放系数、投入产出系数、生产总值以及消费比重等各种影响因子，然后计算投入产出系数以及其他影响因素对碳排放的影响程度。

（2）指数因素分解分析方法。

IDA 近年来在能源与环境问题的政策分析及应用研究中被广泛采用，其基本思想是把研究对象的变化分解成几个影响因素变化的组合，从而确定不同影响因素的贡献率（影响程度），结果可根据贡献率大小进行解释说明。同时，这种方法可以实现多层次的因素分解，直至把每个因素分解开来。这种方法适用于能源强度、产业结构、能源结构、碳排放系数等影响因素的变化程度分析。

此方法的基本原理是：首先将研究对象表示为所有因素指标的乘积，然后对其等式进行数学变形，根据不同的权重函数计算出不同的影响因素的贡献率。在碳排放的具体应用中，首先是将计算碳排放量的恒等式分解为几个影响因子的乘积，然后根据权重函数进行因素分解，不同的权重函数的因素分解结果是不同的，最后根据分解结果确定各影响因素指标的贡献大小[257]。

根据文献［257］，指数因素分解分析方法的基本形式如下：

$$V^t = \sum_i x_{1i}^t x_{2i}^t \cdots x_{ni}^t \tag{5.1}$$

其中，假设时间由 0 到 t，V 为因素分解的对象，如碳排放量、能源强度、能源消费量等；x_{ni} 为因素分解出来的 V 的影响因素；i 为各省份、各产业部门或各能源种类等。指数分解的形式分为以下两种形式：

①乘法形式：

$$D_{tot} = \frac{V^t}{V^0} = D_{x_1} \cdot D_{x_2} \cdots D_{x_n} \cdot D_{rsd} \tag{5.2}$$

其中，D_{x_k} 为各影响因素的分解值，D_{rsd} 为残差项。

②加法形式：

$$\Delta V_{tot} = V^t - V^0 = \Delta V_{x_1} + \Delta V_{x_2} + \cdots + \Delta V_{x_n} + \Delta V_{rsd} \tag{5.3}$$

其中，ΔV_{x_k} 和 ΔV_{rsd} 分别为各影响因素的变化值和未被完全分解的残差项。

指数因素分解方法有 Laspeyres、Divisia、SAD、AWD 等，最为常见的是 Laspeyres 和 Divisia 指数法。下面对这两种常用方法进行对比分析。

第一种方法：Laspeyres 指数分解法（拉氏指数分解法）是一种常见的指数分解分析方法，它由美国斯坦福大学教授 Paul R. Ehrlich 提出，该方法的计算简便性和可理解性使其在能源经济领域被广泛采用。

根据文献 [41]，拉氏指数分解法的基本原理为：在保证其他影响因素不变的情况下，对每个相关的影响因素进行微分，得到某一影响因素变化对研究对象变量的影响程度。分解结果如下：

①乘法形式：

$$D_{x_k} = \sum_i x_{1i}^0 x_{2i}^0 \cdots x_{ki}^t \cdots x_{ni}^0 \Big/ \sum_i x_{1i}^0 x_{2i}^0 \cdots x_{ki}^0 \cdots x_{ni}^0 \tag{5.4}$$

②加法形式：

$$\Delta V_{x_k} = \sum_i x_{1i} x_{2i} \cdots \Delta x_{ki} \cdots x_{ni}, \Delta x_{ki} = x_{ki}^t - x_{ki}^0 \tag{5.5}$$

拉氏指数分解法虽然易于计算，但其弊端在于因素分解不完全导致存在残差，不利于结果的解释。Sun（1998）[258] 提出了一种改进的拉氏模型，能够将研究目标变量完全分解，使最后的分解结果无残差，其加法形式为：

$$\Delta V_{x_k} = \sum_i x_{1i}^0 x_{2i}^0 \cdots \Delta x_{ki} \cdots x_{ni}^0 + \frac{1}{2} \Big(\sum_i \Delta x_{1i} x_{2i}^0 \cdots \Delta x_{ki} \cdots x_{ni}^0 + \sum_i x_{1i}^0 \Delta x_{2i} \cdots \Delta x_{ki} \cdots x_{ni}^0$$
$$+ \cdots + \sum_i x_{1i}^0 x_{2i}^0 \cdots \Delta x_{ki} \cdots \Delta x_{ni} \Big) + \frac{1}{3} \Big(\sum_i \Delta x_{1i} \Delta x_{2i} \cdots \Delta x_{ki} \cdots x_{ni}$$
$$+ \sum_i x_{1i}^0 \Delta x_{2i} \Delta x_{3i} \cdots \Delta x_{ki} \cdots x_{ni} + \cdots + \sum_i x_{1i}^0 x_{2i}^0 \cdots \Delta x_{ki} \cdots \Delta x_{(n-1)i} \Delta x_{ni} \Big)$$
$$+ \cdots + \frac{1}{n} \sum_i \Delta x_{1i} \Delta x_{2i} \cdots \Delta x_{ki} \cdots \Delta x_{ni} \tag{5.6}$$

第二种方法：Divisia 指数分解法（迪氏指数分解法）是将所研究的变量分解出来的各影响因素看作时间 t 的连续可微函数，在（0，t）内进行微分，然后分解出各影响因素对研究对象的贡献值[259]。指数因素分解方法中的研究对象一般为时间序列数据，根据文献 [259]，对式（5.1）两边取自然对数后对 t 求导可得：

$$\frac{d\ln V}{dt} = \sum_i \omega_i \Big(\frac{d\ln x_{1i}}{dt} + \frac{d\ln x_{2i}}{dt} + \cdots + \frac{d\ln x_{ni}}{dt} \Big) \tag{5.7}$$

对式（5.7）在0到t进行积分可得：

$$\ln\frac{V^t}{V^0} = \int_0^t \sum_i \omega_i\Big(\frac{dlnx_{1i}}{dt} + \frac{dlnx_{2i}}{dt} + \cdots + \frac{dlnx_{ni}}{dt}\Big)dt$$

$$= \sum_i \int_0^t \Big(\omega_i\frac{dlnx_{1i}}{dt} + \omega_i\frac{dlnx_{2i}}{dt} + \cdots + \omega_i\frac{dlnx_{ni}}{dt}\Big)dt \tag{5.8}$$

这里 ω_i 是一个随着 t 不断变化的函数，其中，括号内的数值也在各个时间点上不断变化着。因此，在具体应用中，我们使用权重函数 $\overline{\omega_i}$ 计算各影响因素的贡献值，但是，这种方法会造成因素分解分析结果出现 0 值和残差等问题。鉴于权重函数确定的不同，常见的 Divisia 指数分解法有算数平均迪氏指数分解法（AMDI）和对数平均迪氏指数分解法（LMDI）。

AMDI 的具体形式[260]为：

①乘法形式：

$$D_{x_k} = \exp\Big[\sum_i \frac{1}{2}\big(V_i^0/V^0 + V_i^t/V^t\big)\ln\big(x_{ki}^t/x_{ki}^0\big)\Big] \tag{5.9}$$

②加法形式：

$$\Delta V_{x_k} = \sum_i \frac{1}{2}\big(V_i^t + V_i^0\big)\ln\big(x_{ki}^t/x_{ki}^0\big) \tag{5.10}$$

而 Ang 等（1998）[261]提出的对数平均迪氏指数方法很好地解决了残差问题，他将权重函数定义为（0，t）内两个端点值的对数平均数，LMDI 的具体形式为：

$$L(x,y)\begin{cases}(x-y)/(lnx-lny), x \neq y \\ x, x = y \\ 0, x = y = 0\end{cases} \tag{5.11}$$

因此，权重函数可以表达为：

$$\overline{\omega_i} = \frac{L(V_i^0, V_i^t)}{L(V^0, V^t)} = \frac{(V_i^t - V_i^0)/(lnV_i^t - lnV_i^0)}{(V^t - V^0)/(lnV^t - lnV^0)} \tag{5.12}$$

将权重函数代入式（5.8）可得：

$$\frac{V^t}{V^0} = \exp\Big(\sum_i \overline{\omega_i}\ln\frac{x_{1i}^t}{x_{1i}^0}\Big) \times \exp\Big(\sum_i \overline{\omega_i}\ln\frac{x_{2i}^t}{x_{2i}^0}\Big)\cdots\exp\Big(\sum_i \overline{\omega_i}\ln\frac{x_{ni}^t}{x_{ni}^0}\Big)$$

$$= \exp\Big(\sum_i \overline{\omega_i}\ln\frac{x_{1i}^t x_{2i}^t \cdots x_{ni}^t}{x_{1i}^0 x_{2i}^0 \cdots x_{ni}^0}\Big)$$

$$= \exp\Big[\sum_i \frac{(V_i^t - V_i^0)/(lnV_i^t - lnV_i^0)}{(V^t - V^0)/(lnV^t - lnV^0)} \times \ln\frac{V_i^t}{V_i^0}\Big]$$

$$= \exp\Big[\frac{lnV^t - lnV^0}{V^t - V^0}\sum_i \big(V^t - V^0\big)\Big] = \frac{V^t}{V^0} \tag{5.13}$$

从前面的分析可以看出，对数平均迪氏指数方法对研究对象进行了完全分解，不存在残差问题，分解后有乘法形式和加法形式，两种方法都满足加总一致性。

①乘法分解形式为：

$$D_{x_k} = \exp\left(\sum_i \overline{\omega_i} \ln \frac{x_{ki}^t}{x_{ki}^0} \right) \tag{5.14}$$

在乘法分解形式下，由于对数平均迪氏指数分解法的完全分解特性，这里残差项取值为1。

②加法分解形式为：

$$\Delta V_{x_k} = \sum_i \frac{(V_i^t - V_i^0)}{(\ln V_i^t - \ln V_i^0)} \ln \frac{x_{ki}^t}{x_{ki}^0} \tag{5.15}$$

在加法分解形式下，残差项取值为0。

虽然LMDI完全分解了残差项，但是整个计算过程中存在对数和分式计算，因此0值问题没有得到解决，导致计算结果趋近于无穷大。Ang 和 Liu（2007）[262]总结出0值的几种处理办法，详见表5.1。

表5.1　　　　　　　　　LMDI 指数分解法中 0 值处理办法

序号	x_i^0	x_i^t	V^0	V^t	$\Delta V_{x_i} = (V^t - V^0)\ln(x_i^t/x_i^0)/\ln(V^t/V^0)$
1	0	+	0	+	$\Delta V_{x_i} = V^t$
2	+	0	+	0	$\Delta V_{x_i} = -V^0$
3	0	0	0	0	0
4	+	+	0	+	0
5	+	+	+	0	0
6	+	+	0	0	0
7	+	0	0	0	0
8	0	+	+	0	0

资料来源：Ang 和 Liu（2007）[262]。

5.1.2　基于 LMDI 的碳排放因素分解模型

为了探析解耦状态的具体影响因素，需要运用因素分解分析方法。因素分解分析方法在能源环境领域应用较为广泛，它是将研究对象分解为几个因素的作用，并且对各个因素进行定量分析。根据前面分析可知，因素分解分析方法很多，其中结构分解分析法（SDA）和指数分解分析法（IDA）是进行碳排放因素分解的主要方法。SDA 在分解时需要以投入产出表为基础，相比较而言，IDA 可以使用任何可用数据并广泛应用于国家和部门。本章试图揭示区域及其各部门解耦状态的影响要素，因此 IDA 方法较适合本书的研究。同时，Ang 和 Zhang（2000）[263]对能源问题的分解模型研究后发现，对数平均指数（LMDI）方法分解结果无残差等性质更适合能源领域。鉴于其良好的理论基础和适用性，LMDI 因素分解法已经成为能源与碳排放分解领域最流行的方法。因此，本章选择 LMDI 分解法对碳排放变化进行分解分析。

化石燃料的燃烧是碳排放的主要来源，因此本章仅讨论能源活动中的碳排放，不考虑工业生产过程中的碳排放。根据扩展的 kaya 恒等式，碳排放量可表示为：

$$C_i = \sum_j \left[G \times \frac{G_i}{G} \times \frac{E_i}{G_i} \times \frac{E_{ij}}{E_i} \times \frac{C_{ij}}{E_{ij}} \right] = \sum_j QS_iI_iM_{ij}U_{ij} \qquad (5.16)$$

$$C = \sum_i C_i = \sum_i \sum_j QS_iI_iM_{ij}U_{ij} \qquad (5.17)$$

其中，i 为部门，j 为能源种类；C_i 为第 i 部门的碳排放量，C 为区域碳排放总量，C_{ij} 为第 i 部门消耗第 j 种能源的碳排放量；G 为地区生产总值，Q_i 为第 i 部门增加值；E、E_i、E_{ij} 分别为能源消费总量、第 i 部门的能源消费量和第 i 部门中第 j 种能源的消费量；Q = G 为生产总值，表示经济水平；S_i 为第 i 部门增加值占生产总值的比重，表示产业结构；I_i 为第 i 部门的单位生产总值能耗，表示能源强度；M_{ij} 为第 i 部门中第 j 种能源消耗所占比重，表示能源结构；U_{ij} 为第 i 部门中每消耗一单位第 j 种能源所产生的碳排放量，表示能源排放系数。

用 0 代表基期，T 代表报告期，那么报告期和基期的碳排放量差异可表示为下述形式：

$$\Delta C_i = C_i^T - C_i^0 = \sum_j Q^TS_i^TI_i^TM_{ij}^TU_{ij}^T - \sum_j Q^0S_i^0I_i^0M_{ij}^0U_{ij}^0$$

$$= \Delta C_{Q,i} + \Delta C_{S,i} + \Delta C_{I,i} + \Delta C_{M,i} + \Delta C_{U,i} \qquad (5.18)$$

$$\Delta C = \sum_i \Delta C_i = \Delta C_Q + \Delta C_S + \Delta C_I + \Delta C_M + \Delta C_U \qquad (5.19)$$

其中，ΔC_Q 代表经济水平效应，ΔC_S 代表产业结构效应，ΔC_I 代表能源强度效应，ΔC_M 代表能源结构效应，ΔC_U 代表能源排放系数效应，分别表示经济水平、产业结构、能源强度、能源结构和能源排放系数对碳排放变化的影响程度大小。运用 LMDI 分解方法对其进行分解，可得：

$$\Delta C_Q = \sum_i \Delta C_{Q,i} = \sum_i \sum_j \frac{C_{ij}^T - C_{ij}^0}{\ln C_{ij}^T - \ln C_{ij}^0} \ln \frac{Q^T}{Q^0} \qquad (5.20)$$

$$\Delta C_S = \sum_i \Delta C_{S,i} = \sum_i \sum_j \frac{C_{ij}^T - C_{ij}^0}{\ln C_{ij}^T - \ln C_{ij}^0} \ln \frac{S_i^T}{S_i^0} \tag{5.21}$$

$$\Delta C_I = \sum_i \Delta C_{I,i} = \sum_i \sum_j \frac{C_{ij}^T - C_{ij}^0}{\ln C_{ij}^T - \ln C_{ij}^0} \ln \frac{I_i^T}{I_i^0} \tag{5.22}$$

$$\Delta C_M = \sum_i \Delta C_{M,i} = \sum_i \sum_j \frac{C_{ij}^T - C_{ij}^0}{\ln C_{ij}^T - \ln C_{ij}^0} \ln \frac{M_{ij}^T}{M_{ij}^0} \tag{5.23}$$

$$\Delta C_U = \sum_i \Delta C_{U,i} = \sum_i \sum_j \frac{Y_{ij}^T - Y_{ij}^0}{\ln Y_{ij}^T - \ln Y_{ij}^0} \ln \frac{U_{ij}^T}{U_{ij}^0} \tag{5.24}$$

5.2
区域碳排放与经济增长解耦模型构建

5.2.1　区域扩展 Tapio 解耦模型

21世纪初，解耦理论被应用到经济和环境领域，主要研究资源排放量与经济增长之间的关系。世界经济合作与发展组织（OECD）解耦模型主要用于分析经济增长与能源消费之间的关系，两者为解耦关系即表示同之前相比，消耗更少的能源可以生产出更多的经济产品。但是 OECD 解耦模型只能大致判断碳排放与经济增长之间的解耦或者耦合关系，并不能对其关系进行细分。Tapio 解耦模型使用了一种灵活的增量分析方法来研究解耦效应，即通过解耦弹性指标来测量碳排放与经济增长增量的灵敏度，从而体现两者的解耦关系。因此，本书采用 Tapio 解耦模型来测算区域碳排放与经济增长的解耦指数，其计算公式为：

$$W = \frac{\Delta C/C^0}{\Delta G/G^0} \tag{5.25}$$

其中，W 为区域碳排放与经济增长量的解耦指数，不同的 W 值表示不同的解耦状态。根据式（5.19），在对碳排放量变化进行分解分析的基础上，对式（5.25）进行改进，可以得到区域扩展解耦模型如下：

$$
\begin{aligned}
W &= \frac{\Delta C/C^0}{\Delta G/G^0} = \frac{(\Delta C_Q + \Delta C_S + \Delta C_I + \Delta C_M + \Delta C_U)/C^0}{\Delta G/G^0} \\
&= \frac{\Delta C_Q/C^0}{\Delta G/G^0} + \frac{\Delta C_S/C^0}{\Delta G/G^0} + \frac{\Delta C_I/C^0}{\Delta G/G^0} + \frac{\Delta C_M/C^0}{\Delta G/G^0} + \frac{\Delta C_U/C^0}{\Delta G/G^0} \\
&= \lambda_Q + \lambda_S + \lambda_I + \lambda_M + \lambda_U
\end{aligned}
\tag{5.26}
$$

其中，区域碳排放与经济增长的解耦指数 W 被分解为五个分指数：λ_Q、λ_S、λ_I、λ_M、λ_U。λ_Q 为经济水平分指数，表示经济水平要素，反映了经济总量水平对区域解耦的影响效应；λ_S 为产业结构分指数，表示产业结构要素，反映了产业结构调整和行业发展对区域解耦的影响效应；λ_I 为能源强度分指数，表示能源强度要素，反映了能源利用效率对区域解耦的影响效应；λ_M 为能源结构分指数，表示能源结构要素，反映了各种能源消费量所占比重对区域解耦的影响效应；λ_U 为能源排放系数分指数，表示能源排放系数要素，反映了各种类能源排放系数对区域解耦的影响效应。各要素对解耦状态的影响大小由各分指数的绝对值大小来判断，绝对值越大，影响程度就越大，绝对值越小，影响程度就越小。

5.2.2 考虑部门因素的解耦模型

考虑到各部门对解耦的影响，对式（5.26）进行改进，解耦指数按部门因素被进一步分解为：

$$W = \sum_i \frac{\Delta C_i / C^0}{\Delta G / G^0} = \sum_i \frac{(\Delta C_{Q,i} + \Delta C_{S,i} + \Delta C_{I,i} + \Delta C_{M,i} + \Delta C_{U,i})/C^0}{\Delta G / G^0} = \sum_i (\lambda_{Q,i} + \lambda_{S,i} + \lambda_{I,i} + \lambda_{M,i} + \lambda_{U,i}) \tag{5.27}$$

其中，$\lambda_{Q,i}$、$\lambda_{S,i}$、$\lambda_{I,i}$、$\lambda_{M,i}$、$\lambda_{U,i}$ 为各部门的解耦分指数，表示部门要素对解耦的影响程度。$\lambda_{Q,i}$ 为部门经济水平分指数，表示部门经济水平要素，反映了部门经济总量水平对区域解耦的影响效应；$\lambda_{S,i}$ 为部门产业结构分指数，表示部门产业结构要素，反映了部门结构调整和行业发展对区域解耦的影响效应；$\lambda_{I,i}$ 为部门能源强度分指数，表示部门能源强度要素，反映了部门能源利用效率对区域解耦的影响效应；$\lambda_{M,i}$ 为部门能源结构分指数，表示部门能源结构要素，反映了部门各种能源消费量所占比重对区域解耦的影响效应；$\lambda_{U,i}$ 为部门能源排放系数分指数，表示部门能源排放系数要素，反映了部门各种类能源排放系数对区域解耦的影响效应，估算这些部门分指数对于分析区域解耦状态的部门贡献具有重要意义。

5.3
解耦状态及解耦驱动要素

5.3.1 解耦状态

根据 Tapio 解耦模型，解耦状态根据解耦指数 W 可以被细分为三大种类八个子类别，具体划分标准由 C 和 G 的变化率的正负性来决定，如表 5.2 所示。

表 5.2　　　　　　　　　　　　解耦状态分类

解耦状态		ΔC	ΔG	解耦指数 W
解耦	强解耦	<0	>0	$(-\infty, 0)$
	弱解耦	≥0	>0	$[0, 0.8)$
	倒退解耦	<0	<0	$[1.2, +\infty)$
耦合	扩张耦合	>0	>0	$[0.8, 1.2)$
	衰退耦合	<0	<0	$[0.8, 1.2)$
负解耦	强负解耦	>0	<0	$(-\infty, 0)$
	弱负解耦	≤0	<0	$[0, 0.8)$
	扩张负解耦	>0	>0	$[1.2, +\infty)$

资料来源：Tapio（2005）[117]。

（1）当 ΔG >0 时，解耦状态由优到差依次为：强解耦、弱解耦、扩张耦合、扩张负解耦，表明经济增长对环境的依赖性逐渐增强。强解耦是经济增长而碳排放量下降，说明经济增长对环境的依赖度最弱，基本上实现了碳排放与经济增长的完全解耦，是最理想的经济发展状态；弱解耦表明经济增长需要环境的投入与支持，经济发展对环境的依赖性较弱，是一种相对解耦的状态；扩张耦合是经济与碳排放同时增长，而且增长水平基本持平，也就是说，经济增长对环境的依赖性几乎是同等比例的增加；扩张负解耦表明经济的增长需要大量的环境投入与支持，经济增长对环境的依赖程度最强。

（2）当 ΔG <0 时，解耦状态由优到差依次为：倒退解耦、衰退耦合、弱负解耦、强负解耦。倒退解耦表明经济衰退的同时碳排放量减小，而且碳排放的减小速率更快，这是在经济衰退的情况下最好的状态；衰退耦合表明经济与碳排放的下降速率几乎同步，是次良好的状态；弱负解耦表明经济衰退的速率大于碳排放的下降速率；强负解耦表明经济衰退的同时碳排放量却增大，也就是说，环境的投入与支持没有扭转经济的发展趋势，这是最不好的状态。

（3）因此，解耦状态优良性排序为：强解耦 >弱解耦 >扩张耦合 >扩张负解耦 >倒退解耦 >衰退耦合 >弱负解耦 >强负解耦。在同一种解耦状态中，解耦指数的大小决定了经济对环境的依赖程度的大小。当 ΔG >0 时，解耦指数越小，意味着越大程度的解耦；相反，当 ΔG <0 时，解耦指数越大，意味着越大程度

的解耦。

需要注意的是，由于解耦状态与开始时间点及结束时间点的选择有很大关系，因此选择一个合适的基期与时间划分的边界点是非常重要的。在对区域碳排放与经济增长进行解耦状态分析时，应对研究期内的每一年均进行解耦指数的测算，并观察各年解耦状态的变化趋势，然后根据整体趋势将其分为不同的发展阶段。而且，碳排放在各部门间存在显著差异，对各部门进行解耦指数测算有助于分析区域整体的解耦状态，进而了解各部门在区域整体中所处的地位。

5.3.2 解耦驱动要素

前面研究得出，影响区域碳排放与经济增长解耦的主要因素有：经济水平要素、产业结构要素、能源强度要素、能源结构要素和能源排放系数要素。各解耦要素对解耦的影响效应大小由各分指数的绝对值大小来判断，但需要注意的是，当 $\Delta G > 0$ 时，解耦分指数小于 0 表示该要素为解耦正向驱动要素，对解耦具有促进作用，大于 0 表示该要素为解耦负向驱动要素，对解耦具有抑制作用；相反，当 $\Delta G < 0$ 时，解耦分指数大于 0 表示该要素为解耦正向驱动要素，对解耦具有促进作用，小于 0 表示该要素为解耦负向驱动要素，对解耦具有抑制作用。

经济水平要素反映了经济总量水平对解耦的影响程度。具体来说，如果区域经济水平不断增长，就会导致更多的碳排放，造成经济水平分指数始终大于 0，使经济水平要素成为区域及部门解耦的主要负向驱动要素；相反，如果经济水平下降，就会出现经济水平分指数小于 0 的情况，使经济水平要素成为解耦的正面驱动要素，但我国一般不存在这种情况。

产业结构要素反映了部门结构调整和行业发展对解耦的影响效应。在我国，工业是产生碳排放最多的部门，城镇的快速发展使交通运输业的碳排放量日益加大，农业的碳排放量较小，服务业是对环境损害最轻、污染最小的部门。一般情况下，如果服务业比重上升，工业比重下降，则会使产业结构分指数小于 0，则说明该区域产业结构调整合理，碳排放量小的行业发展迅速，使产业结构要素成为解耦的正向驱动要素；相反，如果以工业为代表的第二产业相对发展较快，会导致更多的碳排放，使产业结构要素成为解耦的负向驱动要素，则说明该区域产业结构不合理，需要加大产业结构调整力度。

能源强度要素反映了能源利用效率对解耦的影响效应。能源强度是体现一国技术水平的重要指标，如果一段时间内单位 GDP 能耗下降，会使能源强度分指数小于 0，则说明该区域能源利用效率提高，使能源强度要素成为解耦的正向驱动要素；相反，如果单位 GDP 能耗上升，则表明该区域能源利用效率降低，导致能源强度要素成为该时期解耦的负向驱动要素。

能源结构要素反映了各种能源消费量所占比重对解耦的影响效应。在我国，化石能源是产生碳排放的主要来源，尤其是煤炭，其消费量在能源消费总量中占有相当大比重，而不产生或产生少量碳排放的清洁能源和天然气所占比重较小。一般来说，如果煤炭在能源消费中的比重下降，天然气、风能、水能、太阳能等清洁能源消费比重上升，会使能源结构分指数小于 0，则说明该区域能源结构已由煤炭为主向多元化转变，使能源结构要素成为解耦的正向驱动要素；相反，如果煤炭消费比重仍呈现上升态势，而天然气及清洁能源没有得到合理地开发及利用，则说明该区域没有及时有效地对能源结构进行调整，使能源结构要素成为解耦的负向驱动要素。

能源排放系数要素反映了各种类能源排放系数对解耦的影响效应。一般情况下，每一种能源燃烧或使用过程中单位能源所产生的碳排放量变化非常小，如果能源排放系数下降，会使能源排放系数分指数小于 0，则说明燃料质量变好，能源排放系数要素成为解耦的正向驱动要素；相反，如果能源排放系数上升，则说明燃料质量下降，使能源排放系数成为解耦的负向驱动要素。

5.4
本章小结

本章主要研究工作是构建了考虑部门因素的区域碳排放与经济增长解耦模型。为了构建解耦模型，首先对基于 LMDI 的碳排放因素分解模型进行阐述，在此基础上，构建了区域扩展 Tapio 解耦模型，然后构建考虑部门因素的解耦模型，最后进行解耦状态和解耦驱动要素的分析。通过本章的研究，得到的主要结论如下：

（1）选取对数平均指数分解法将碳排放变化程度分解为经济水平效应、产业结构效应、能源强度效应、能源结构效应和能源排放系数效应，分别表示经济水平、产业结构、能源结构、能源强度和能源排放系数对碳排放变化的影响程度大小。

（2）构建区域碳排放与经济增长的扩展 Tapio 解耦模型，解耦驱动要素被分解为经济水平要素、产业结构要素、能源强度要素、能源结构要素和能源排放系数要素，分别反映了经济总量水平、产业结构调整和行业发展、能源利用效率、各种能源消费量所占比重和各种类能源排放系数对解耦的影响效应。

（3）考虑部门因素对区域整体解耦的影响，解耦驱动要素按部门被进一步分解为部门经济水平要素、部门产业结构要素、部门能源强度要素、部门能源结构要素和部门能源排放系数要素，分别反映了部门经济总量水平、部门结构调整和行业发展、部门能源利用效率、部门各种能源消费量所占比重和部门各种类能源排放系数对解耦的影响效应。

（4）区域碳排放解耦状态优良性排序为：强解耦＞弱解耦＞扩张耦合＞扩张负解耦＞倒退解耦＞衰退耦合＞弱负解耦＞强负解耦。在同一种解耦状态中，解耦指数的大小决定了经济对环境的依赖程度大小，而各解耦要素对解耦状态的影响大小由各解耦分指数的绝对值大小所决定。当 $\Delta G > 0$ 时，解耦分指数小于 0 表示该要素为解耦正向驱动要素；当 $\Delta G < 0$ 时，解耦分指数大于 0 表示该要素为解耦正向驱动要素。

通过研究工作，本章构建了考虑部门因素的区域碳排放与经济增长的解耦模型，为确定影响区域及部门碳排放解耦效应的驱动要素，认清区域解耦状态的部门贡献，从而制定整体及部门的低碳政策，提供了理论指导和分析框架。

第6章

区域低碳试点政策实施效果的分析方法

本章对区域低碳试点政策的实施效果分析方法进行了研究。首先，阐述了两种政策效果分析方法，通过两种方法的对比给出每种方法的适用范围；其次，构建了基于双重差分法的政策效果模型，给出了对照组的选择依据，进行了 Hausman 检验及模型估计结果说明；最后，构建了基于合成控制法的政策效果模型，给出了对照组权重组合的确定方法，进行了模型估计结果说明及稳健性检验。通过区域低碳试点政策实施效果分析方法的提出，可以找出影响地区政策效果的主要因素，从而为制定区域差异化减排路径提供依据。

6.1
研究方法

6.1.1　双重差分法

在实证研究中，评估并检验政策实施对经济体影响的动态因果关系是比较复杂的，双重差分法[264]（Difference－in－differences，DID）是一种较好的检验政策实施效果的方法。如果将一项公共政策的实施视为外部突发事件，由于其并不是为了实验目的而发生，这样就使当事人仿佛被随机地分在了受到政策实施影响的组别和不受政策影响或虽受政策影响但影响小很多的组别，一般将前者称为处理组（treatment group），而将后者称为控制组（control group）或者对照组，通过比较处理组和控制组在政策实施前后的差异性，就可以了解该项政策所产生的净效果，因此，这项公共政策的实施可被视为自然实验。当然，如果处理组和控制组不是随机决定的，就会产生"选择偏差"，这种偏差与解释变量及残差相关，就会产生内生性问题，双重差分法有效地避免了传统回归方法所导致的变量内生性问题，用双重差分模型评估和检验一项政策实施的效果可以得到比较稳健的结果[265]。

双重差分法的主要思想是将受政策实施影响的个体作为处理组，将未受政策实施影响的个体作为对照组，并要求对照组与处理组在自身条件上相当，然后计算处理组和对照组在政策实施期间被解释变量的变化量，用对照组的变化量近似反映处理组假设未参与政策实施的变化量，这两个变化量之差即双重差分估计量表示了排除其他干扰因素影响后政策实施对被解释变量的净影响效果[266]。因此，DID 模型可以准确地评估低碳试点政策的效果，解决变量的内生性问题。根据文献 [264]，DID 模型的基本方程表示为：

$$C = a_1 + a_2 d + a_3 p + a_4 d\_p + u \tag{6.1}$$

其中，C 为被解释变量，表示绩效指标，可以用碳排放量表示；d 为政策虚拟变量，将低碳试点城市作为处理组，取值为 1，非低碳试点城市作为对照组，取值为 0，两者在政策实施前应具有相似的发展趋势；p 为时间虚拟变量，政策实施前取值为 0，政策实施后取值为 1；效果虚拟变量 d_p 为 d 与 p 的乘积；u 为随机项，a_1、a_2、a_3、a_4 为待估参数。

对于处理组 （记为 A），d = 1，政策实施前后的碳排放量样本均值分别为：

$$\begin{cases} \overline{C}_{A,0} = a_1 + a_2，政策实施前 \ p = 0 \\ \overline{C}_{A,1} = a_1 + a_2 + a_3 + a_4，政策实施后 \ p = 1 \end{cases} \tag{6.2}$$

则低碳试点政策实施前后，处理组的碳排放量平均变动为：

$$\overline{C}_A = (a_1 + a_2 + a_3 + a_4) - (a_1 + a_2) = a_3 + a_4 \tag{6.3}$$

对于对照组 （记为 B），d = 0，政策实施前后的碳排放量样本均值分别为：

$$\begin{cases} \overline{C}_{B,0} = a_1，政策实施前 \ p = 0 \\ \overline{C}_{B,1} = a_1 + a_3，政策实施后 \ p = 1 \end{cases} \tag{6.4}$$

则低碳试点政策实施前后，对照组的碳排放量平均变动为：

$$\overline{C}_B = (a_1 + a_3) - a_1 = a_3 \tag{6.5}$$

因此，双重差分估计量的值为 $(a_3 + a_4) - a_3 = a_4$。$\overline{C}_A$ 表示政策实施前后试点城市碳排放量的变动，$\overline{C}_B$ 表示同一时期非试点城市碳排放量的变动，用以衡量假设没有实施政策试点城市碳排放量的变动。因此，两者之差 a_4 即效果虚拟变量的系数，就表示低碳试点政策对试点城市碳排放量的净影响效果。

6.1.2　合成控制法

Abadie 和 Gardeazabal（2003）[267]、Abadie 等（2010）[268] 提出合成控制法（Synthetic Control Method，SCM）来估计政策的效果，其基本逻辑是：多个对照组的加权比主观选定的一个控制组更优秀。合成控制法的主要思想是对多个对照组进行适当的线性组合，构造一个更为优秀的"合成控制地区"（synthetic control region），并将其与处理组进行对比。

合成控制法的基本特征是：了解对照组内每个个体的权重，即每个个体根据其数据特点的相似性，构成"反事实"状态（counterfactual state）中所做的贡献；根据政策实施之前的预测变量来衡量对照组和处理组的相似性。

合成控制法在最近几年得到了广泛的应用，例如，Abadie 和 Gardeazabal（2003）[267] 利用合成控制法用西班牙其他地区组合来模拟没有恐怖活动的巴斯克地区的潜在经济增长，进而估计当地的恐怖袭击对地区经济的影响。Abadie 等（2010）[268] 用同样的方法研究加州的控烟法对烟草消费的影响，他们利用其他州的数据加权模拟了加州在没有该法案时的潜在烟草消费水平。最近几年，国内学者也逐渐采用该方法，如王贤彬和聂海峰（2010）[269] 利用合成控制法将全国其他省区市作为对照组的集合，分析了重庆 1997 年被划分为直辖市这一省级行政区划调整对相关地区经济增长的影响；余静文和王春超（2011）[270] 利用合成控制法研究了海峡两岸关系演进对福建省经济发展的影响。

6.1.3　两种方法的对比及适用性

（1）双重差分法是一种较好的检验政策实施效果的方法，一般可以得到比较稳健的结果，但在应用时有两点需要注意：一是对照组的选取尽量避免主观性，要保证在政策实施前对照组和处理组具有相似的趋势变化，使选取结果具有说服力；二是试点城市与其他城市之间有系统性差别，如果这种差别恰好是该城市成为试点地区的原因，就会产生政策的内生性问题，因此要有充足的理由排除政策的内生性，才能得到无偏的结果[271]。

合成控制法提供了一个根据数据选择对照组用以研究政策效果的方法，该方法具有两个优点：一是扩展了传统的双重差分法，是一种非参数的方法；二是构造对照组时通过数据来决定权重的大小，减少了主观判断，排除了有较大差异的地区引入，减少了误差，同时权重的选择为正数并且之和为 1，能够有效地避免极度外推。

（2）双重差分法在考察低碳试点政策实施效果时，可以对不同时间点的多个试点城市的政策效果进行综合分析，得到的是平均化的政策效果。合成控制法仅能处理单个试点城市的政策效果问题，可以判断政策效果的主要影响因素。

（3）鉴于两种方法的优缺点及适用性，在分析区域低碳试点政策的实施效果时，对于区域内试点城市的整体政策效果和无法通过对照地区进行合成的试点城市的政策效果，可以采用双重差分法进行分析；而对于可以通过对照地区进行合成的单个试点城市的政策效果，运用合成控制法进行分析，并找出影响效果的主要因素。

6.2
基于双重差分法的政策效果影响模型

6.2.1　模型设定

STIRPAT 模型被广泛应用于环境影响因素的研究中，能够根据研究目的进行相应改进，具体可参看第 4 章。本节在 STIRPAT 模型对数形式的基础上将 DID 模型的基本方程加以改进，以消除变量间的异方差性。Perino 和 Leimer（2015）[272] 和 Wang 等（2014）[273] 分别从经济角度和人口角度衡量一个城市的碳排放水平，因此考虑到不同地区的人口基数差距较大，本章使用人均碳排放量替代地区碳排放总量进行研究，同时加入其他影响人均碳排放量的控制变量，对式（6.1）进行改进，构建 DID 模型方程为：

$$\ln CP_{it} = a_1 + a_2 d_{it} + a_3 p_{it} + a_4 d\_p_{it} + a_5 \ln x_{it} + u_{it} \tag{6.6}$$

其中，i 为各地区，t 为时间，CP_{it} 为第 i 地区在第 t 年的人均碳排放量，x 为人均碳排放量的控制变量，即第 4 章识别的碳排放量的关键影响因素，d 和 p 为二值变量，a_1、a_2、a_3、a_4、a_5 为待估参数。其中 a_4 就是剔除了一般性影响因素的低碳试点政策的净减碳效果。

同时，为了考察政策实施在各年的效果及其变化趋势，可以在上述模型的基础上加入时间趋势变量，DID 模型表示为：

$$\ln CP_{it} = a_1 + a_2 d_{it} + a_{31} p1_{it} + a_{32} p2_{it} + \cdots + a_{3j} pj_{it} + a_{41} d\_p1_{it} + a_{42} d\_p2_{it} + \cdots +$$

$$a_{4j}d\_pj_{it} + a_5 lnx_{it} + u_{it} \tag{6.7}$$

其中，p1，p2，…，pj 为 j 个时间虚拟变量，分别在政策实施的年份取值为 1，其他年份取值为 0，交叉项效果变量的系数 a_{41}，a_{42}，…，a_{4j} 分别表示低碳试点政策实施第一年、第二年…第 j 年的效果，下标 i 和 t 以及其余变量的设置如同式（6.6），a_1，a_2，a_{31}，a_{32}，…，a_{3j}，a_{41}，a_{42}，…，a_{4j}，a_5 均为待估参数。

6.2.2 对照组的选择依据

为了考察国家发展改革委公布的低碳试点政策在区域试点城市的实施效果，设定处理组为区域内实行低碳试点政策的城市，对照组从区域内未实行低碳试点政策的城市中选取。

双重差分方法在对照组的选择上要求在政策实施前，对照组和处理组在人均碳排放量上具有相似的变化趋势，这样才能保证排除了控制变量之外处理组的减碳效果完全是实施低碳试点政策的结果。对照组选取的具体方法是：假设处理组低碳试点政策的实行时间为 K 年，选取距离政策实施年份最近的 K - 1 年和 K - 2 年作为考察年份，作图观察区域内各城市的人均碳排放量发展趋势，选择在 K - 2 年到 K - 1 年与处理组变化趋势相同，即人均碳排放量曲线接近平行关系的非试点城市作为对照组。

为了进一步证实两者的平行关系，以政策实施前一年 K - 1 年为参照基准，设置虚拟变量 year(K - 2) 和 yearK，表示该变量只在 K - 2 年和 K 年取值为 1，其他年份取值为 0；d_year(K - 2)、d_yearK 表示 d 与 year(K - 2) 和 yearK 的乘积，构建双重差分模型如下：

$$lnCP_{it} = w_1 + w_2 d_{it} + w_3 p_{it} + w_4 d\_year(K - 2)_{it} + w_5 d\_yearK_{it} + w_6 lnx_{it} + u_{it}$$

$$\tag{6.8}$$

其中，w_4 表示 K - 2 年低碳试点城市与非试点城市人均碳排放量之差相比较 K - 1 年的变动程度，w_5 表示 K 年低碳试点城市与非试点城市人均碳排放量之差相比较 K - 1 年的变动程度。

运用 Stata 软件对模型进行估计，如果模型结果显示回归系数 w_4 不显著，说明低碳政策实施前一年非试点城市与处理组的人均碳排放量增长率相同，那么该非试点城市可以作为对照组来考察低碳政策在试点城市的实施效果；如果回归系数 w_4 显著，说明低碳政策实施前一年非试点城市与处理组的人均碳排放量增长率不相同，那么该非试点城市就不能成为对照组。另外，如果回归系数 w_5 显著，说明低碳政策在试点城市实施当年效果明显，试点城市的人均碳排放量增长趋势与非试点城市相比就存在显著差异；如果回归系数 w_5 不显著，说明低碳政策在试点城市实施当年效果不明显，试点城市的人均碳排放量增长趋势与非试点城市相比并没有显著差异，造成这种现象的原因可能是由于低碳试点政策实施当年各项工作处于起步阶段，导致其减碳效果并不明显。

6.2.3 Hausman 检验及模型估计结果

6.2.3.1 Hausman 检验

Hausman 检验是由美国麻省理工学院经济学系教授 Hausman（1978）[274] 提出来的。经济学家吴德明教授和统计学家 Durbin 教授在他之前已提出过类似的检验。因此，早期把这一检验称作 Durbin – Wu – Hausman 检验，后来称为 Hausman 检验。

Hausman 检验是一种一般性的检验方法，几乎所有的假设都可以用 Hausman 的方法来检验。它是用 H_0 代表要验证的零假设，H_1 代表对立假设。Hausman 检验的中心思想是寻找两个不同的估计值 $\hat{\theta}$ 和 $\tilde{\theta}$，估计值 $\hat{\theta}$ 永远是一致的，即使在零假设 H_0 不成立的情况下，$\hat{\theta}$ 仍然具有一致性。估计值 $\tilde{\theta}$ 只有在零假设成立的情况下才具有一致性，在零假设不成立的情况下，$\tilde{\theta}$ 不一致。因此，$\hat{\theta} - \tilde{\theta}$ 在零假设成立的情况下是接近于零的，而在零假设不成立时，$\hat{\theta} - \tilde{\theta}$ 不接近于零。那么 Hausman 就是要将验证 H_0 的正确性变成检验 $\hat{\theta} - \tilde{\theta}$ 是否为零。不论何种检验问题，只要能找到 Hausman 所要求的两个估计值，就能应用 Hausman 检验[275]。

在双重差分模型估计之前，需要运用 Hausman 检验判断模型是采用固定效应模型还是随机效应模型。对于特定的个体而言，有一些不随时间改变的影响因素在多数情况下无法被直接观测或难以量化，如个人的消费习惯、国家的社会制度等，一般称其为"个体效应"（individualeffects）。对"个体效应"的处理主要有两种方式：一种是视其为不随时间改变的固定性因素，相应的模型称为固定效应模型；另一种是视其为随机因素，相应的模型称为随机效应模型。Hausman 检验就是通过检验个体效应与其他解释变量是否相关来对固定效应模型和随机效应模型进行筛选。

运用 Stata 计量软件进行 Hausman 检验，如果最终 Hausman 检验的 p 值大于

0.01，说明随机效应模型比固定效应模型有效，则选取随机效应模型进行参数估计，否则就选取固定效应模型。另外，如果结果显示固定效应模型估计的虚拟变量 d 值报告失败，可能是固定效应模型会对每个虚拟变量做组内离差变换估计，导致了完全的多重共线性的原因。

6.2.3.2 模型估计结果

（1）基本模型估计结果。

对式（6.6）进行估计，结果显示从仅处理虚拟变量到依次加入各控制变量的回归结果。从以下几个方面进行模型估计结果分析：①效果变量 d_p 的系数a_4表示低碳试点政策的净影响效果。如果效果变量 d_p 的系数a_4显著为负，就说明低碳政策对试点城市人均碳排放量的增长有明显的抑制作用；否则表明低碳政策实施效果不理想，对人均碳排放量的抑制作用不显著。②调整后的 R^2 表示模型的拟合效果，说明了对被解释变量的解释力度。如果调整后的 R^2 较高，说明模型的拟合效果较好，对被解释变量的解释力度较高；否则说明模型的拟合效果不佳，对被解释变量的解释力度较低，需要加入其他控制变量进行综合判断。③控制变量系数表示各影响因素变量对人均碳排放量的影响程度。如果变量系数显著为正，说明该变量与人均碳排放量有显著的正向效应；如果变量系数显著为负，说明该变量与人均碳排放量有显著的负向效应；否则说明该变量对人均碳排放量的作用不明显。

（2）时间趋势模型估计结果。

由于低碳政策在各试点城市的实行时间可能不同，有必要对政策实施在各年的效果及其变化趋势作进一步考察。对式（6.7）进行估计，结果反映了低碳试点政策实施效果的时间变化趋势。从以下几个方面进行模型估计结果分析：①效果变量 d_p1，d_p2，…，d_pj 的系数a_{41}，a_{42}，…，a_{4j}表示低碳试点政策实施第一年、第二年…第 j 年对人均碳排放量的影响效果。如果效果变量系数a_{4j}显著为负，说明低碳政策实施第 j 年对试点城市人均碳排放量的增长有明显的抑制作用；否则表明低碳政策实施第 j 年对试点城市的减碳效果不理想。另外，通过比较显著效果系数的绝对值大小，可以判断低碳政策效果的发展趋势。如果效果系数的绝对值逐渐增大，就说明政策效应逐渐增强，否则需要及时调整低碳工作重点，尽可能地发挥低碳政策的减碳作用。②调整后的 R^2 表示模型的拟合效果，R^2 较高说明模型的拟合效果较好，对被解释变量的解释力度较高；否则需要加入控制变量做进一步分析，如果加入控制变量后 R^2 值增大，说明变量的引入使模型更合理。③控制变量系数表示各控制变量对人均碳排放量的影响程度。如果变量系数显著为正或显著为负，就说明该变量与人均碳排放量有显著的正向或负向效应，影响效应大小即系数大小的绝对值，否则说明该变量对人均碳排放量的影响效应不明显。

6.3
基于合成控制法的政策效果影响模型

6.3.1　模型框架

假设共有 J+1 个地区，其中第 1 个地区实行低碳试点政策，为处理组地区，其他 J 个地区没有实行低碳试点政策，将这些地区作为对照组地区。这些地区的 T 期人均碳排放量增长情况是可以计算出来的。用 T_0 表示低碳试点政策实施前的时期数，因此 $1 \leqslant T_0 < T$。采用反事实状态分析框架，对于地区 i = 1, 2, …, J+1 和时期 t = 1, 2, …, T，用 y_{it}^N 表示地区 i 在 t 时期没有受到政策影响的结果，用 y_{it}^I 表示地区 i 在 t 时期受到政策影响的结果，那么 $\alpha_{it} = y_{it}^I - y_{it}^N$ 就表示实行低碳试点政策所带来的效果。假设低碳政策对实施前的人均碳排放量没有影响，那么对于时期 $t \leqslant T_0$ 来说，所有的地区 i 都有 $y_{it}^N = y_{it}^I$；而对于时刻 $T_0 < t \leqslant T$ 来说，有 $y_{it}^I = y_{it}^N + \alpha_{it}$。如果政策在实施前就产生影响（如预期效应），则可重新定义 T_0 为政策实际开始产生影响之前的那个时期，而且对照组地区的人均碳排放量不受处理组地区政策的影响。

用 y_{it} 表示区域内各城市的实际人均碳排放量，通过计算可以得到。对于不受低碳试点政策影响的城市，有 $y_{it} = y_{it}^N$。对于受低碳试点政策影响的城市，在 $t > T_0$ 时，有 $\alpha_{it} = y_{it}^I - y_{it}^N = y_{it} - y_{it}^N$。对于只有第 1 个城市在时期 T_0 后受到低碳试点政策的影响，那目标就是估计 α_{1t}。为了估计 α_{it} 我们需要估计 y_{it}^N。y_{it}^N 是试点城市没有实行低碳试点政策时人均碳排放量的增长情况，是不能观测到的，因此通过构造"反事实"变量（counterfactual variable）来表示它。假设 y_{it}^N 由以下因子模型所决定：

$$y_{it}^N = \delta_t + \theta_t Z_i + \lambda_t \mu_i + \varepsilon_{it} \tag{6.9}$$

其中，δ_t 是影响人均碳排放量的时间固定效应，所有地区均相同；Z_i 是一个（r×1）维向量，表示地区 i 不受低碳试点政策影响也不随时间变化的可观测变量；θ_t 是一个（1×r）维的未知参数向量，表示 Z_i 对 y_{it}^N 的作用，随时间变化；

λ_t 是一个（$1 \times F$）维观测不到的共同因子，表示不同地区所面临的共同冲击；μ_i 是（$F \times 1$）维观测不到的个体固定效应，表示各地区对共同冲击 λ_t 的反应，也被称为因子载荷；ε_{it} 是随机误差项，表示每个地区观测不到的暂时冲击，其均值为 0。ε_{it} 和 μ_i 之间相互独立。

为了估计低碳试点政策的影响，可以通过对照组城市来构造一个没有实行低碳试点政策的试点城市，进而估计它的 y_{it}^N。本节就是要求出一个（$J \times 1$）维的构造合成控制的权重向量 $W = (w_2, \cdots, w_{J+1})'$，满足对任意的 J，$w_J \geqslant 0$ 且 $w_2 + \cdots + w_{J+1} = 1$。对于任意给定的 W，合成地区的结果变量可写成：

$$\sum_{j=2}^{J+1} w_j y_{jt} = \delta_t + \theta_t \sum_{j=2}^{J+1} w_j Z_j + \lambda_t \sum_{j=2}^{J+1} w_j \mu_j + \sum_{j=2}^{J+1} w_j \varepsilon_{jt} \tag{6.10}$$

如果能找到一个向量组 $W^* = (w_2^*, \cdots, w_{J+1}^*)'$ 满足：

$$\begin{cases} y_{1t} = \sum_{j=2}^{J+1} w_j^* y_{jt} \\ Z_1 = \sum_{j=2}^{J+1} w_j^* Z_j \end{cases} \quad (1 \leqslant t \leqslant T_0) \tag{6.11}$$

则也会有 $\mu_1 = \sum_{j=2}^{J+1} w_j^* \mu_j$，那么就有：

$$y_{1t}^N - \sum_{j=2}^{J+1} w_j^* y_{jt} = \theta\left(Z_1 - \sum_{j=2}^{J+1} w_j^* Z_j\right) + \lambda_t\left(\mu_1 - \sum_{j=2}^{J+1} w_j^* \mu_j\right) + \sum_{j=2}^{J+1} w_j^*(\varepsilon_{1t} - \varepsilon_{jt}) \tag{6.12}$$

Abadie 等（2010）[268]证明在一般条件下，式（6.12）的右边趋近于 0。因此，在 $T_0 < t \leqslant T$ 时期，可以用 $\sum_{j=2}^{J+1} w_j^* y_{jt}$ 作为 y_{1t}^N 的无偏估计，那么 $\hat{\alpha}_{1t} = y_{1t} - \sum_{j=2}^{J+1} w_j^* y_{jt}$ 就能当作 α_{1t} 的估计。

合成控制向量 W^* 可以通过最小化 X_1 和 $X_0 W$ 之间的距离 $|X_1 - X_0 W|$ 来近似确定，其函数表达式为：

$$\| X_1 - X_0 W \|_v = \sqrt{(X_1 - X_0 W)' V (X_1 - X_0 W)} \tag{6.13}$$

其中，X_1 是（$k \times 1$）维向量，表示低碳试点政策前试点城市的各预测变量的平均值；X_0 是（$k \times J$）维矩阵，其中第 j 列表示地区 j 低碳试点政策之前相应预测变量的平均值；V 是（$k \times k$）维的对角矩阵，其对角线元素均为非负权重，反映相应的预测变量对于人均碳排放量的相对重要性。W^* 的最优解取决于 V 的选择，而 V 的值是通过最小化均方预测误差（MSPE）得到的。

6.3.2　对照组权重组合的确定

合成控制法是通过对照组在某些性质上与处理组进行匹配，以此来拟合处理地区的反事实状态，因此该方法需要通过对照组的加权来估计处理组。

本节的目标是用对照组的加权平均，来模拟没有低碳试点政策时处理组的人均碳排放量，然后与真实的处理组的人均碳排放量进行对比来估计低碳试点政策对试点城市人均碳排放量的影响。确定对照组权重组合的具体要求为：①考虑到合成控制法要求政策实施前的拟合年限越长越好，因此选择的对照组数据要准确且齐全，否则会导致拟合效果不好。②合成控制法要求在选择对照地区权重时要使在低碳试点政策实施前，合成处理组人均碳排放量的预测变量水平和真实处理组的预测变量水平尽可能的一致，这里选择第 4 章识别的碳排放量的关键影响因素作为预测变量。③对政策实施前所有年份做回归分析来检验合成处理组与真实处理组人均碳排放量的拟合效果，同时观察合成处理组预测变量与真实处理组变量之差和真实处理组变量与各城市平均变量之差，如果前者小于后者，就说明合成处理组与真实处理组在人均碳排放量预测变量方面相似度较高。因此，选择人均碳排放量拟合效果好且预测变量相似度高的合成处理组来确定对照组权重组合，使其很好地拟合真实处理组在低碳试点政策之前的特征。

6.3.3　模型估计结果及稳健性检验

6.3.3.1　模型估计结果

通过合成控制法的计算，从以下几个方面进行模型估计结果分析：①观察真实处理组与合成处理组人均碳排放量的变化趋势，如果在低碳试点政策实施之前，合成处理组和真实处理组的人均碳排放量发展趋势几乎能够完全重合，则表明合成控制法很好地复制了低碳试点政策实施之前处理组人均碳排放量的增长趋势。②在低碳试点政策实施之后，如果处理组的人均碳排放量开始下降，并持续低于合成处理组的人均碳排放量，则意味着相对于没有实施低碳试点政策的处理组，由于实行了低碳试点政策而降低了处理组的人均碳排放量。③为了更直观地观察低碳试点政策对处理组人均碳排放量发展趋势的影响，可以计算低碳试点政策实行前后真实处理组与合成处理组人均碳排放量的差距，如果低碳政策实施前两者差距波动幅度较小，而低碳政策实施后两者差距为负向持续增大，则说明低碳政策在降低试点城市人均碳排放量方面效果显著。④为了进一步弄清低碳政策效果的关键因素，可以采用合成控制法对试点城市人均碳排放量的每个预测变量在低碳试点政策实施前后的变动情况进行分析。如果在低碳试点政策实施前，真实处理组与合成处理组的预测变量水平差距不大，但在低碳试点政策实施之后差距逐步拉大，则表明该预测变量对试点城市的低碳政策效果起到关键作用。

6.3.3.2　稳健性检验

如果在上述研究中发现，真实处理组与合成处理组的人均碳排放量存在显著差异，那么如何判断两者的差异是由于低碳试点政策的实施所造成的，还是某些未观测到的其他因素所导致的？为此，我们通过稳健性检验来排除偶然性。

借鉴 Abadie 和 Gardeazabai（2003）[267]，Abadie 等（2010）[268] 提出的"安慰剂"检验（placebo test）方法来进行稳健性检验，这种方法类似于统计学中的排列检验（permutation test），适用于任何样本容量，其基本思想为：依次将对照组内的城市作为假想的处理地区（假设实行了低碳试点政策），而将真实处理组作为对照地区之一对待，使用合成控制法构造假想处理组的合成人均碳排放量，估计在假设情况下的低碳政策效应，也称为"安慰剂"效应。通过一系列的"安慰剂"检验，即可得到"安慰剂"效应的分布，然后对比真实处理组的实际处理效应和假想处理组的假设效应，如果真实处理组低碳政策的实际效果与假想处理组的政策效应差异明显，说明低碳试点政策的实行对真实处理组人均碳排放量的影响是显著的，并不是其他因素导致的偶然现象。

在对某个城市进行"安慰剂"检验时，如果在政策实施前其合成控制的拟合效果很差（均方预测误差 MSPE 很大），则有可能出现在政策实施后的效应波动也很大，使结果不可信。因此，在"安慰剂"检验之前，需要去掉无法拟合和 MSPE 值较大的城市。

此外，"安慰剂"检验的另一种方式是直接将每个城市政策实施后的 MSPE 与政策实施前的 MSPE 相比较，计算两者的比值，并考察这一比值的分布。因为政策实施前的 MSPE 越小表示合成人均碳排放量对实际人均碳排放量拟合的越好，而政策实施后的 MSPE 越大则表示受到低碳试点政策的影响越大。如果低碳试点政策有显著效果，则合成控制法将无法很好地预测真实处理组政策实施后的结果变量，导致较大的政策实施后 MSPE。然而如果政策实施前合成人均碳排放量与实际人均碳排放量拟合不好，就会产生较大的 MSPE，那么这也会导致政策实施后的 MSPE 增大，故两者的比值也可控制前者的影响。因此，如果低碳试点政策的实施对处理组的人均碳排放量有显著影响的话，则前面所说的比值应当明显高于其他城市。

6.4

本章小结

本章针对区域低碳试点政策的实施效果问题，提出了可操作性的分析方法，具体包括：

（1）阐述了政策效果分析方法——双重差分法和合成控制法，给出两种方法在区域低碳试点政策实施效果分析中的适用性。

（2）在 STIRPAT 模型对数形式的基础上将 DID 模型的基本方程进行改进，构建了基于双重差分法的低碳政策效果分析基本模型和时间趋势模型，给出了对照组的选择依据，介绍了 Hausman 检验，并阐述了模型结果的分析要点。

（3）构建了基于合成控制法的低碳政策效果分析模型，给出了对照组权重组合的确定方法，阐述了模型结果的分析要点以及稳健性检验的方法，以便在准确评价政策效果的基础上找出影响效果的关键因素。

本章提出的区域低碳试点政策的实施效果分析方法，旨在帮助政策制定者了解低碳试点政策的实施效果现状，识别产生效果的关键因素，从而采取有效的措施推动低碳工作的进一步开展，使其成功经验可以作为其他类似地区试点工作推广的基础，也可以为区域减排路径提供依据。

第7章

区域碳排放的减排路径

在获得区域碳排放的关键影响因素、部门碳排放解耦的驱动要素以及地区试点政策实施效果的关键因素后，本章从要素、部门及地区三个角度出发，给出关于减少区域碳排放的有针对性的路径选择框架，以便为区域碳减排路径方面的实际问题提供借鉴或参考。

7.1
区域减排路径的研究框架

区域减排路径的提出是一项针对性、系统性的工作，依据第4章识别的区域碳排放关键影响因素、第5章给出的区域及部门碳排放与经济增长解耦的驱动要素和第6章确定的地区试点政策实施效果的关键因素等有关章节的分析，以低碳经济理论为指导，着力从要素、部门和地区三个角度反映区域碳排放活动的各个维度，从而基于各个维度提出减排路径，为区域碳减排提供系统性路径选择框架。

首先，要素是决定区域减排路径的基础和前提，能够反映一定的资源投入所产生的减排效果，通过对要素角度各维度的分析，能够为其他角度减排目标的实现提供必要的支撑；其次，部门是区域碳排放的构成单位，也是检验减排效果的重要依据，通过开发各部门低碳发展的潜力，可以促进部门减排目标的实现；最后，地区是区域碳排放的行政单元，通过分析低碳试点城市减排效果的关键影响因素，可以提高试点城市低碳工作效率，同时为非试点城市的低碳工作提供成功经验，从而促进区域低碳经济的共同发展。综合以上对各角度区域碳排放的分析，给出本书区域减排路径的框架模型，具体如表7.1所示。

表7.1 区域减排路径的框架模型

角度	维度	路径
要素	技术水平	加快低碳技术创新，切实降低能源强度
	人口结构	合理优化人口结构，推动绿色城镇发展
	产业结构	转变经济增长方式，加快产业结构调整
	能源结构	积极发展清洁能源，促进能源结构优化
	能源价格	合理有效利用资源，完善能源价格机制
部门	农业	大力发展能源农业
	工业	加快工业低碳技术发展
	建筑业	推广绿色节能建筑
	交通运输业	建设绿色交通运输系统
	批发零售业	实现绿色经营模式
	其他服务业	打造低碳化服务体系
	生活消费部门	倡导绿色生活方式
地区	试点城市	针对政策效果关键影响因素改进试点城市低碳工作重点
	非试点城市	借鉴相似试点城市的成功经验促进非试点城市节能减排

7.2

多角度区域碳排放的减排路径分析

依循区域减排路径框架模型中明晰的路径，各区域可根据碳排放关键影响因素、部门解耦驱动要素以及地区效果关键影响因素等相关研究结果，从要素、部门、地区3个角度14个维度中选择并拟制恰当的、具体的、适应的区域减排路径且付诸实施，以规范和指导区域碳排放相关工作的开展，保障减排目标的实现。

7.2.1 基于要素角度的减排路径分析

在对区域减排路径的研究中，要素角度的减排路径可从技术水平、人口结构、产业结构、能源结构和能源价格五个维度着手：

（1）加快低碳技术创新，切实降低能源强度。区域可从以下两个方面进行技术水平维度的路径选择：①打造区域科技创新平台，实现低碳核心技术的突破，增加技术创新资金投入，引进和培育能源科技人才，培育建设一批国际或国内领先的能源技术中心和重点实验室，并积极融入国家科技创新体系，承担重大科技创新项目，不断增强区域内能源技术中心实力，支持能源企业培育"人才高地"和"能源智库"，完善能源科技创新激励政策，健全能源科技创新资金投入制度，畅通科技成果转化通道，形成市场主导、多方合力、融合互动的能源科技创新运行体系。②建立区域低碳技术示范区，推广低碳技术应用，实施重大科技示范工程，以煤层气开发利用、油气资源高效开发、高效清洁发电、智能电网等技术领域为重点，促进科技成果尽快转化为生产力。

（2）合理优化人口结构，推动绿色城镇发展。区域可从以下四个方面进行人口结构维度的路径选择：①促使城镇化进程与产业升级相吻合，发挥比较优势，选择特色产业培育为新的经济增长点，以企业为主体，以智能化、绿色化、市场化为导向，循序渐进推进绿色制造，推动智慧城市、智能物流等的建设，以尽可能少的资源能源消耗和污染物排放完成工业化和城镇化。②将"绿色、低碳、循环"的生态文明核心思想融入绿色城镇化战略中，结合区域发展总体规划和主体功能区划，积极挖掘现有中小城镇发展潜力，优先发展区位优势明显、资源环境承载能力较强的中小城镇。③遵循城镇化发展客观规律，按照城乡统筹、合理布局、完善功能原则，以城市为依托，以中小城镇为重点，逐步形成辐射作用大、各城镇优势互补、协同共生的绿色城市群。④宣传生态文化，以绿色人居建设为核心，关注公众的生存与发展，重视城市绿化和公共活动空间建设。加强对农民工流动人口的人文关怀和服务，逐步将城镇基本公共服务覆盖到农民工。

（3）转变经济增长方式，加快产业结构调整。区域可从以下四个方面进行产业结构维度的路径选择：①严格控制高耗能行业的过度发展，促进高能耗行业向低碳型转化，从提高能源利用效率入手，加快技术引进和推广速度，加大落后产能淘汰力度。②增加低能耗第三产业比重，振兴传统服务业，立足区域实际，发挥比较优势，选择重点行业率先突破，尽快建立"覆盖面广、带动力强、增加就业机会多"的现代化服务业体系。③大力发展新兴服务业，加快新兴服务业的基础设施建设，整合资源，拓展发展空间，完善发展平台，改革现行不合理的运行机制和管理体制，加大资本投入，增强发展动力，尽快把以信息、旅游、房地产为重点的新兴服务业培育成为区域主导产业。④注重第三产业中知识密集型行业、技术密集程度高的行业发展，从以生活消费为主转向以生产服务为主。

（4）积极发展清洁能源，促进能源结构优化。区域可从以下四个方面进行能源结构维度的路径选择：①继续推进燃煤设备的清洁改造，稳步推动天然气分布式能源系统建设。②开发煤炭类燃料能源的替代资源，加大替代性燃料技术的科研及应用，发展生物质能、水能等少碳或无碳能源，减少对煤炭、石油等化石能源的使用。③积极开发新型清洁能源包括水电、风电、太阳能、核能、潮汐能等以及新型煤电技术，改变能源消费结构较为单一的形态。④加快对风电、光伏、地热能等各类能源技术的研发，加大新型能源技术的研发力度，积极推进可再生能源的开发研究，不断提高新型能源的科学技术水平，逐步降低可再生能源的生产成本，努力提高可再生能源的利用效率，推进能源的产业化发展，尽快形成可供推广应用的高效率能源利用技术体系，促进能源、环境与经济的协调发展。

（5）合理有效利用资源，完善能源价格机制。区域可从以下三个方面进行能源价格维度的路径选择：①推动能源价格市场化改革，合理控制能源消费总量，推动绿色产业发展，发挥东部地区的新能源带动作用，促进其他地区的低碳经济发展，将我国经济发展方式以第二产业为主体调整为以能源节约型产业为主体。②放松能源价格管制，通过税收或补贴等能源政策，调整区域能源价格，使能源价格与区域发展相适应，促进消费者合理利用资源，提高资源的转化和使用效率，最大限度地减少能源资源的浪费。③制定严格的节能法律法规，使能源价格与市场需求相接轨，优化资源配置，不断完善能源价格体系。

7.2.2 基于部门角度的减排路径分析

在对区域减排路径的研究中，部门角度的减排路径可从农业、工业、建筑业、交通运输业、批发零售业、其他服务业和生活消费七个维度着手：

（1）大力发展能源农业。区域可从以下四个方面进行农业维度的路径选择：①严管化肥、农药等传统农业生产资料的投入，推广有机化肥的施用，加大宣传引导力度，采取示范推广的模式，提高农民使用有机肥的意识，努力倡导绿色农业。②开发农村新型可再生能源，包括生物质能（农作物秸秆、农产品加工业副产品、畜禽粪便和能源作物）、太阳能、风能、小水电、地热能等，调整农业部门能源结构。③改变原有单一农业生产模式，对农业基础设施建设制定系统规划，加大农业基础设施资金投入力度，完善农业基础设施建设的养护机制。④重视研发新技术，降低能源强度，对现有的农业科研体系模式进行改革，形成高效率科研体系模式。

(2) 加快工业低碳技术发展。区域可从以下三个方面进行工业维度的路径选择：①加大各行业资源的使用效率，降低对工业用品的需要，利用碳税等方法推动低碳行业的发展以及高碳行业的转型升级。②将整体重工业节能减排目标与企业个体减排目标相结合，分配给各高耗能企业减排指标的压力，逐渐引导企业进行技术改造与创新。对于积极发展技术改造与创新、节能减排超额完成的企业，政府予以税收、补贴等形式的优惠措施，实现企业自主创新、节能减排，促进低碳化产业的形成与壮大。③促进高耗能行业向低碳型转化，加快工业结构内部升级，防止高耗能行业盲目发展，遏制高耗能产品的过度投资，提高钢铁、化工和电力等行业的能源利用效率，加快技术引进和推广速度，加大落后产能淘汰力度。

(3) 推广绿色节能建筑。区域可从以下三个方面进行建筑业维度的路径选择：①在建筑设计理念上树立低碳意识，在建筑领域要加大对地源热泵、建筑围护结构保温、太阳能综合利用、区域热点联供、照明以及采暖空调等技术的研发力度。②建筑企业要形成低碳思维，推进低碳工业化住宅和精装修项目，建立实验楼并推广至实际工程，加强节能减排建筑的研究与实践。③政府对符合低碳建筑标准的建筑工程给予政策及税收上的扶持，借鉴发达国家的经验，鼓励绿色建筑企业的推广和发展。

(4) 建设绿色交通运输系统。区域可从以下三个方面进行交通运输业维度的路径选择：①加强高效环保、气候友好的交通运输技术研究和推广，推动新能源和清洁车辆的开发应用，进一步推广以电动车为主的新能源汽车，重视对燃油汽车节能、混合动力汽车、纯电动机车、新型轨道交通等技术的研发与应用，增加新能源汽车充电桩数量并扶持充电基础设施的建设。②实行综合的税收、财政和政府采购等配套政策体系，鼓励汽车企业相关技术的革新以降低新能源汽车的购买和使用成本，并增加新能源汽车的使用率。③推进基础设施建设集约发展，加强节水、节地、节材等节能评估审查，在规划、设计、建设等各个环节，节约利用土地、岸线等稀缺资源，优化结构，提高使用寿命和服务水平。

(5) 实现绿色经营模式。区域可从以下三个方面进行批发零售业维度的路径选择：①强化内部责任管理和供应链管理方式，建立可持续发展价值网络平台，将企业各部门联接起来，定期召开可持续发展价值网络会议，保证节能减排目标的实现。②通过与上游供应商间的合作联盟关系，推动和督促供应商控制生产过程中的碳排放，并对消费者进行以环保为主题的各种社区教育，引导消费者参与低碳零售的节能减排计划和活动。③经营理念与行动一体化，使理念支撑行动，行动与策略深化理念，构建零售业低碳化经营轴线，形成可推广式低碳化策略，降低零售业经营成本，提高零售业经营效率。

（6）打造低碳化服务体系。区域可从以下四个方面进行其他服务业维度的路径选择：①建立和完善市场体制和市场环境，为企业营造一个相对公平的竞争环境，打破服务业多领域的垄断和管制，实现资源的最优配置，提高服务业的效率。②通过制订财政补贴、减免税收以及优惠的信贷、投资等政策，鼓励低碳服务产品的开发和推广，鼓励从事污染治理和废弃物循环利用的企业，逐步形成低碳服务产业。③加强低碳服务的社会宣传，引导消费者正确购物和环境友好或环境保全地消费，尽量减少包装垃圾，鼓励消费者选购以再生资源为原料的制品。④企业内部应树立低碳管理理念，通过开发低碳服务，进行低碳管理，通过开展低碳营销和电子商务、开辟低碳采购通道、引导低碳消费等来创建低碳化的服务途径，使服务低能耗、高环保。

（7）倡导绿色生活方式。区域可从以下三个方面进行生活消费部门维度的路径选择：①调整居民生活用能消费结构，进一步降低煤炭在燃料结构中的比例，降低火电在电力消费结构中的比例，加大天然气等清洁能源在生活用能中的使用，开发风能、生物质能等新型能源为家庭提供照明、烹饪等日常需要。②加强低碳生活的宣传力度，通过定期的小册子、电视及广告等手段引导居民树立正确的消费理念和消费行为。③政府应积极发挥政策宣传、知识培训与宏观引导作用，加大对节能减排创新产品的支持力度，推广使用节能灯和节能电器，进一步推行能效标识管理制度，提高高耗能家电的能源效率，回收废弃的电子产品，通过提高高碳产品的购买成本、降低绿色消费的成本、完善家庭能源累进式阶梯收费等方式，鼓励居民使用低碳能源。

7.2.3 基于地区角度的减排路径分析

在对区域减排路径的研究中，地区角度的减排路径可从试点城市和非试点城市两个维度着手：

（1）针对政策效果关键影响因素改进试点城市低碳工作重点。区域可从以下两个方面进行试点城市维度的路径选择：①对于政策效果明显的试点城市，说明在低碳建设方面已经取得了一定的成绩，具有一定的产业优势，在此基础上，加快构建新型现代能源体系，进一步促进产业转型升级，加强排放目标管理，创新低碳生活模式，促进高端智能化低碳产业发展，使其成为低碳发展的示范城市，这是试点城市未来发展的主要方向；继续发挥政策效果关键因素的促进作用，使其相关低碳工作更加符合未来发展方向，同时改进其他因素的低碳工作重点，促使该因素指标与减排目标相一致。②对于政策效果不明显的试点城市，寻求自身抑制因素调整工作重点，改进节能减排目标体系，严格执行节能减排标准，发挥优势产业带动作用，促使区域低碳政策作用尽快显现。

（2）借鉴相似试点城市的成功经验促进非试点城市节能减排。区域可从以下两个方面进行非试点城市维度的路径选择：①根据非试点城市的地域特点，吸取与自身条件相似的试点城市的成功经验，根据自身优势采取差异化、分重点式的低碳政策。②抓住重大机遇，将发展可再生能源作为今后一个时期能源生产与消费革命的重要抓手，加快促进经济转型升级、能源结构调整、大气环境治理，为实现绿色、清洁、低碳、可持续发展提供坚强动力，促使区域经济由高速增长转向高质量发展。

7.3
本章小结

本章主要工作是基于区域碳排放关键影响因素、部门碳排放解耦驱动要素以及地区试点政策实施效果的研究结果，提出了区域减排路径的研究框架，依循要素、部门和地区3个角度及14个维度，给出了有针对性的区域减排路径。通过本章的研究，得到的基本结论如下：

（1）基于要素角度的减排路径主要包括：加快低碳技术创新，切实降低能源强度，打造区域科技创新平台，建立区域低碳技术示范区；合理优化人口结构，推动绿色城镇发展，推进以人为核心的城镇化，促使城镇化进程与产业升级相吻合；转变经济增长方式，加快产业结构调整，促进高能耗行业向低碳型转化，加快推进战略性新兴产业及新能源与节能环保产业发展；积极发展清洁能源，促进能源结构优化，推进能源的产业化发展，形成可供推广应用的高效率能源利用技术体系；合理有效利用资源，完善能源价格机制，推动能源价格市场化改革，促使能源价格与市场需求相接轨。

（2）基于部门角度的减排路径主要包括：大力发展能源农业，严管传统农业生产资料的投入，推广有机化肥的施用，开发农作物秸秆等生物质能以及太阳能等新型可再生能源，降低能源强度；加快工业低碳技术发展，提高钢铁、化工和电力等行业的能源利用效率，降低对工业用品的需要，利用碳税等方法推动低碳行业的发展以及高碳行业的转型升级；推广绿色节能建筑，加大对地源热泵、建筑围护结构保温、太阳能综合利用、区域热点联供、照明以及采暖空调等技术的研发力度；建设绿色交通运输系统，加强高效环保的交通运输技术研究和推广，推动新能源和清洁车辆的开发应用，鼓励开发低碳清洁型能源来替代石油燃料；实现绿色经营模式，建立可持续发展价值网络平台，督促供应商控制生产过程中的碳排放，形成可推广式低碳化策略，提高零售业经营效率；打造低碳化服务体系，完善市场体制和市场环境，打破服务业多领域的垄断和管制，鼓励低碳服务产品的开发和推广；倡导绿色生活方式，调整居民生活用能消费结构，开发风能、生物质能等新能源为家庭提供照明、烹饪等日常需要，加大对节能减排创新产品的支持力度。

（3）基于地区角度的减排路径主要包括：试点城市应针对政策效果关键影响因素改进低碳工作重点，促进高端智能化低碳产业发展，使其成为低碳发展的示范城市；非试点城市要借鉴相似试点城市的成功经验，根据自身优势采取差异化、分重点式的低碳政策。

本章的工作为区域碳减排提供了相对比较系统、完善、有针对性的路径选择框架，能够为政府制定区域减排对策提供指导和借鉴，从而推动区域低碳经济的可持续发展。

第8章

河北省碳排放的驱动要素、政策效果及减排路径

本章进行了河北省碳排放的驱动要素、政策效果及减排路径的分析工作，从实证层面说明了本书所提出方法的应用价值，同时也说明了其科学性与可行性。

8.1
河北省经济增长、能源消费与碳排放现状

8.1.1 经济增长现状

8.1.1.1 自然地理概况

河北省位于东经 113°04′至 119°53′，北纬 36°01′至 42°37′之间，地处华北平原，东临渤海、西面太行山地，北面燕山山地，燕山以北为张北高原，其余为河北平原，总面积 18.88 万平方公里。在相邻省市中，内环京津，东南部、南部与山东、河南接壤，西倚太行山与山西省毗邻，西北部、北部临近内蒙古自治区，东北部与辽宁相邻。地势上西北高、东南低，是我国唯一兼具高原、山地、丘陵、平原、湖泊和海滨的省份，地貌复杂多样、类型齐全。河北省包括石家庄、唐山、邯郸等 11 个地级行政区划单位，172 个县级行政区划单位（其中，37 个市辖区、22 个县级市、107 个县、6 个自治县），全省常住人口 7384 万人，是我国重要的粮棉产区；大宗矿产如煤、铁、石油、金、各种石灰岩等是河北的优势矿产，河北有著名的华北油田、开滦煤矿和邯郸铁矿；工业生产中钢铁、电力等行业在我国居重要地位，还具有开发和利用风能、太阳能、地热能和生物质能等新能源的巨大潜力[276]。

8.1.1.2　经济发展趋势

GDP 或人均 GDP 通常被用来作为衡量一国或地区在一定时间内制造财富多少的指标。本节以 1995~2015 年河北省 GDP、人均 GDP 及其增长率作为研究数据，分析河北省经济发展的现状。为了真实反映经济增长情况，GDP 以 1995 年为基期的不变价格进行调整来消除价格波动的影响。

图 8.1 对比了 1995~2015 年河北省与全国的 GDP 变化情况。自 1995 年以来，河北省钢铁、电力、玻璃等行业飞速发展，地区 GDP 总量呈现出逐年上涨的良好趋势。2005 年河北省 GDP 总量首次突破万亿元大关，实现经济总量 10117 亿元。2015 年河北省 GDP 29806.1 亿元，占全国经济总量的 4.4%。实际 GDP 总量由 1995 年的 2850 亿元上涨到 2015 年的 21386.3 亿元，年均增长率为 10.6%。与全国相比，同期全国年均增长率为 9.4%，低于河北省经济增长速度。

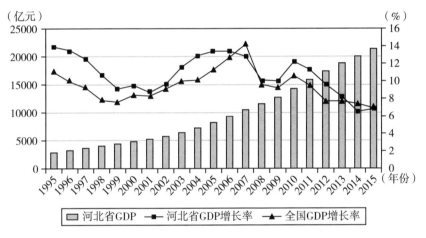

图 8.1　1995~2015 年河北省实际 GDP 及其增长率变化趋势

从图 8.1 中可以看出，虽然河北省 GDP 呈上涨的态势，但 GDP 增长率有所波动，波动情况与全国大体一致，最高峰在 2005 年和 2006 年出现，增长速度达到 13.4%。除个别年份外，河北省 GDP 增长率基本领先于全国平均水平，是我国经济发展较快的地区之一。

河北省的经济增长大致经历了以下几个发展阶段：1995~2002 年，在扩大内需政策的带动下，河北省经济发展较快，但受世界经济增速减缓的影响，河北省经济增长速度由 13.9% 回落到 9.6%，基本实现了经济的稳步增长。2003~

2007 年，河北省工业化脚步和城市化进程开始加快，拉动了经济的快速发展。2008 年受国际金融危机的影响，河北省经济增速下降，为了积极应对国际金融危机带来的不利影响，河北省认真贯彻宏观调控政策，使经济增长下滑的势头得以控制，经济开始小幅回升，由 2008 年的 10.1% 回升到了 2010 年的 12.2%。自 2011 年以来，河北省开始重视经济发展方式的改变，经济工作的重心逐步转移到产业结构的调整上，经济增速下降，2015 年仅为 6.8%。

为了更加准确地评价河北省经济发展水平，现排除人口因素的影响，分析河北省人均地区 GDP 的发展状况（见图 8.2）。1995～2015 年，河北省人均地区GDP 持续稳定增长，实际人均 GDP 由 1995 年的 4444 元/人增长到 2015 年的 28840.19 元/人，年均增长率为 9.8%，人民的生活水平有了较大的提高。同全国相比，除了 2007 年、2014 年和 2015 年之外，其他同期河北省人均 GDP 增长率均领先于全国平均水平，说明近两年河北省的经济工作重心转移，人均 GDP 增速减缓。同时，对比图 8.1 和图 8.2 可以看出，河北省人均 GDP 与 GDP 的发展趋势基本吻合，说明河北省较好地处理了经济发展与人口发展的问题。

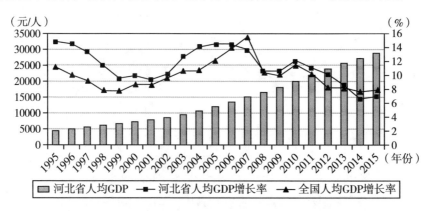

图 8.2　1995～2015 年河北省人均 GDP 及其增长率变化趋势

从各市的经济发展趋势来看，图 8.3 显示了近 10 年来河北省各市实际 GDP（GDP 以 2005 年为基期的不变价格进行调整）的发展趋势，从中可以看出，各市 GDP 均呈现逐年上涨的良好趋势，其中 GDP 排在前五位的分别是唐山市、石家庄市、沧州市、邯郸市和保定市，唐山市 2015 年的实际 GDP 为 5639.12 亿元，领先优势较明显，增长速度最快。廊坊市和邢台市各年 GDP 均相差较小，处于第六位和第七位。秦皇岛市、衡水市、张家口市和承德市的 GDP 处于最末四位，发展趋势线几乎重合，增长速度较慢。图 8.4 显示了河北省各市人均实际GDP 的发展趋势，其中唐山市的人均 GDP 遥遥领先于其他各市，2015 年达到

7.29 万元/人,沧州市和石家庄市紧随其后,然后是廊坊市、秦皇岛市、邯郸市
和承德市,其余四市 2015 年人均 GDP 均在 3 万元/人之下。

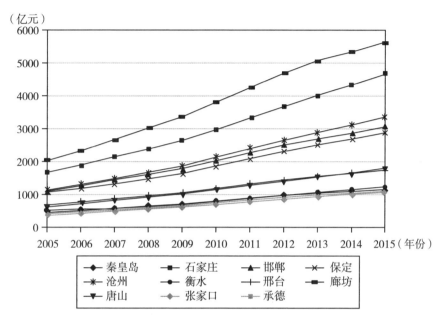

图 8.3 2005～2015 年河北省各市 GDP 发展趋势

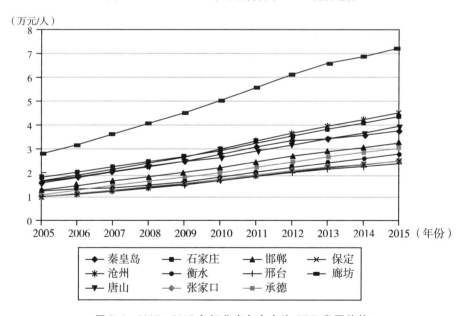

图 8.4 2005～2015 年河北省各市人均 GDP 发展趋势

通过对比发现，与河北省其他各市相比，唐山市的 GDP 和人均 GDP 均排在第一位，这是由于唐山市的人口总数仅排在第四位，前三位分别是保定市、石家庄市和邯郸市，也正是因为人口基数相对较大，使这三市的人均 GDP 位次落后于 GDP 位次。秦皇岛市和廊坊市的人口基数相对较小使人均 GDP 位次比 GDP 位次靠前。这说明，石家庄市、邯郸市和保定市作为河北省发展较快的城市，应该注意协调好经济发展与人口发展之间的关系，其余各市应当继续寻找发展契机提高 GDP 水平。

8.1.1.3 产业结构特征

产业结构是经济结构的重要组成部分，三次产业的构成比例可以体现某地区经济发展的综合水平。产业结构的调整不仅对经济增长速度的快慢有着重要影响，也对能源消耗量以及碳排放量的增减起着举足轻重的作用。

一直以来，河北省都是以重工业为主的产业结构，近年来，河北省产业结构有所优化，但第二产业仍占主导地位。从图 8.5 可以看出，1995～2015 年，河北省第一产业占 GDP 的比重不断下降，由 22.16% 下降到 11.54%，年均降幅 3.2%；第二产业比重出现波动上升，由 1995 年的 46.42% 上升到 2008 年的 54.34%，到 2015 年降为 51.0%；第三产业比重逐步攀升，由 31.42% 上升到 40.19%，年均增幅 1.24%。可见，河北省产业结构正在逐步调整改变，但第二产业的比重仍超过经济总量的一半，在河北省经济增长中占主导地位。

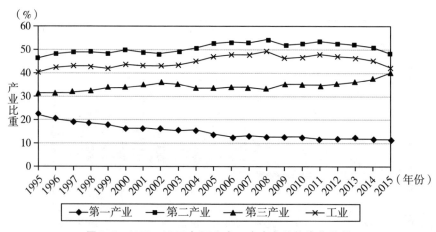

图 8.5 1995～2015 年河北省三次产业结构变化趋势

在河北省产业结构优化过程中，工业比重也相应发生变化，从 1995 的 40.37% 上升到 2008 年的 49.29%，随后逐年下滑，到 2015 年降到 42.4%，也就是说，工业仍然是推动河北省经济增长的主导力量。2015 年规模以上工业产值中重工业比重高达 66.89%，这代表重工业在工业中占主导地位。同时，河北省重工业占 GDP 的比重高达 28.36%，这个比重在全球来看也是相当高的。由于工业以及重工业的单位产出能耗以及由此带来的空气污染分别是服务业的 4 倍和 9 倍[277]，因此河北省以重工业为主的产业结构所导致的环境污染问题日益加剧，特别是作为支柱产业的钢铁、电力以及石油化工等重工业部门，是典型的高耗能和高污染产业，而绿色节能环保的科技创新型产业有待跟进，工业内部的结构性矛盾根深蒂固，导致河北省产业结构转型总体比较缓慢，产业结构调整还需要进一步努力。

　　从图 8.6 可以看出，1995～2015 年，河北省第一产业对经济增长的贡献率最小，平均贡献率为 5.8%；其次是第三产业，对经济增长的贡献率在波动中有所上升，平均贡献率为 36.7%；第二产业的平均贡献率最高为 57.5%，其中工业的变化趋势与第二产业基本一致，对经济增长的平均贡献率 52.6%，可见河北省工业部门对第二产业甚至整个经济增长具有决定作用。需要注意的是，2014 年和 2015 年，第三产业贡献率超过第二产业，分别为 52.1% 和 59%，而第二产业贡献率也降至 42.1% 和 37.2%，这种变化很可能是由于低碳政策实施后，河北省为达到预期政策效果以及为了限期整顿雾霾而大范围关停环境不达标的企业和对相关企业实行限产减产所致。

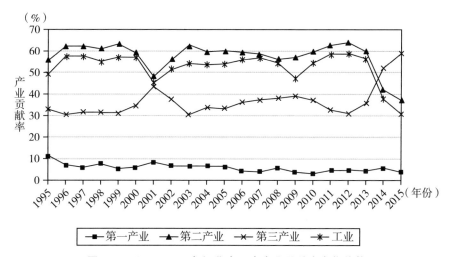

图 8.6　1995～2015 年河北省三次产业贡献率变化趋势

　　在河北省各市中，仅秦皇岛市的产业结构以第三产业为主，其余各市均以第二产业为主。图 8.7 显示，近 10 年来各市第二产业比重大部分在 40%～60%，而且处于在波动中逐渐下降的发展趋势，说明产业结构调整有了一定的成效。其中唐山市的第二产业比重基本处于首位，各年均在 55% 以上，这与唐山市的地理环境直接相关。唐山市是京津唐工业基地的中心城市和原材料供应中心，同时能源资源十分丰富，大规模煤炭开采已有 100 多年，是中国煤炭的重要产区，也是一座重工业城市。虽然唐山市的经济发展稳居河北省前列，但是产业结构的发展不够均衡。"十二五"以来，唐山市从钢铁、水泥、焦炭、造纸等行业下手，淘汰了一大批落后产能，先后将 829 万吨铁、2056 万吨钢、3563 万吨水泥（含熟料）、590 万吨焦化、84.61 万吨造纸产能淘汰出局，使 2015 年唐山市单位GDP 能耗下降了 26.1%。因此，唐山市需要继续坚持以结构调整为主线，以高新技术为支撑，以循环经济为重点，淘汰落后不手软、创新驱动不动摇、绿色发展争先进，努力走出一条资源节约、环境友好、创新驱动的发展道路。

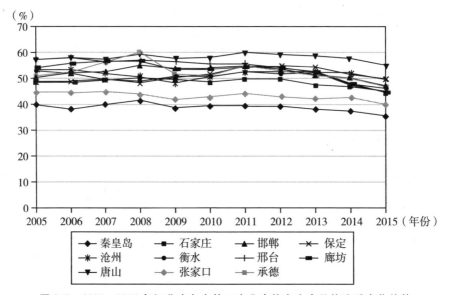

图 8.7　2005～2015 年河北省各市第二产业产值占生产总值比重变化趋势

　　秦皇岛市的第二产业比重最小，基本都在 40% 以下，第三产业比重比第二产业比重略高，基本在 40%～50%，是河北省唯一一个以第三产业为主的城市。秦皇岛市是环渤海地区的重要港口城市，也是国家首批沿海开放城市之一，旅游业发展较好，这使秦皇岛生态环境在河北省各市中首屈一指。

8.1.2　能源消费现状

8.1.2.1　能源消费总量特征

能源是人类生存与发展的重要物质基础。河北省煤炭资源禀赋较好，是我国重要的产煤和能源消费大省。河北省正处于工业化中期，城市规模不断扩张，经济发展以及城市基础设施建设都需要使用大量能源。2015年河北省GDP占全国的4.4%，消费了全国6.8%的能源总量和7.3%的煤炭。随着河北省经济的发展，能源供给、环境保护与经济增长之间的矛盾日益突出。

河北省是全国重要的能源生产基地，各种能源储量丰富。1995～2015年河北省一次能源生产总量在波动中稍有上升，由6619.56万吨标准煤增长到7096.14万吨标准煤，2012年达到历史最大值9560.46万吨标准煤（见图8.8）。从能源生产品种结构看，2015年，原煤、原油、天然气和一次电力占能源生产总量的比重分别为：77.39%、11.68%、1.95%和8.97%，与2014年相比，原煤比重上升1.97个百分点，原油下降0.76个百分点，天然气下降1.47个百分点，一次电力比重上升0.25个百分点。

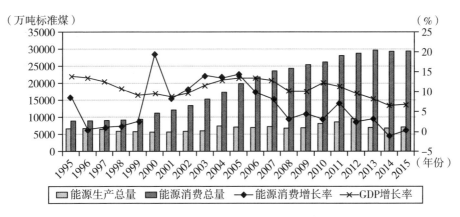

图8.8 1995～2015年河北省能源消费量及其增长率变化趋势

河北省能源消费总量由1995年的8892.41万吨标准煤增长到2015年的29395.36万吨标准煤，年均增长率为6.16%，其占全国能源消费总量的比重分别为6.78%和6.84%，说明河北省的能源消费在全国的地位略有上升。从图8.8中可以看出，河北省能源消费总量的变化趋势主要分为三个阶段：第一个阶段为1995～1999年，能源消费总量平稳增长，年均增长率为1.34%，呈小幅攀升的状态；第二个阶段为2000～2007年，能源消费快速增长，年均增长率达到12.22%，比上一个阶段高出10.88个百分点，这一阶段河北省的工业化进程加快，工业、建筑业等行业发展迅速，能源消费需求量加大；2008年开始进入第三个阶段，随着全省节能工作的不断深入，加上河北省自身产业结构的升级，低碳环保技术的应用以及促进能源消费结构改善等一系列政策的出台，全社会能源消费总量增速明显回落，2014 年更是出现了近 20 年来的首次负增长。

此外，随着经济的快速增长和居民收入水平的不断提高，人们对能源的需求不断增长，这使河北省能源供求矛盾逐渐突出，供求缺口日趋扩大。如图 8.8 所示，河北省能源消费的年均增长率明显大于能源生产的年均增长率。目前，河北省的能源形势是原煤总量不足、成品油外调量大、依靠外电保证电力供需平衡。2015 年河北省原煤产量达到 7437.05 万吨，比上一年上升 1.25%，但原煤调入量高达 22545.09 万吨，相当于原煤产量的 303%。原油生产量为 580.1 万吨，净调入量达到 1089.6 万吨，相当于原油产量的 188%。电力生产量为 205.63 亿千瓦时，净调入量达 681.33 亿千瓦时，相当于电力产量的 331%。2005 年以来河北省能源净进口量基本呈现递增态势，由 2005 年的 459 万吨标准煤增长到 2015 年的 2899 万吨标准煤，年均增长率高达 20.24%。这表明，河北省能源消费的对外依存度日渐升高，甚至会对河北省乃至国家能源安全构成威胁。

另外，从能源消费与 GDP 增长趋势可以看出，随着河北省经济的快速发展，能源消费量变化较大，但 2005 年以后，河北省能源消费总量的增加速度一直低于 GDP 的增速。这说明国家节能减排的力度增强，同时河北省产业结构不断优化升级、环保技术被广泛运用，再加上国家低碳政策的实施，预计在未来几年内，河北省的能源消费总量不会有太大的增长幅度，甚至还会出现下降趋势。

从各市能源消费总量情况来看，2005～2012 年各市能源消费总量呈现出在波动中逐渐上升的趋势，2013 年之后大幅度下降。其中唐山市的能源消费总量长期以来稳居首位，这与唐山市以重工业为主的产业结构直接相关（见图 8.9）。石家庄市和邯郸市的能源消费总量仅次于唐山市，衡水市和秦皇岛市的能源消费总量相对较小。"十二五"以来，各市的能源消费总量均呈现下降趋势，唐山市和石家庄市的下降幅度最大，下降速度最快，这也得益于国家低碳政策的实施。通过对比还发现，河北省各市能源消费总量排位顺序与 GDP 类似，这也说明了GDP 的增大在一定程度上能够促进能源消费量的增加。在低碳政策的影响下，估计在未来几年内，河北省各市的能源消费总量将会继续下降。

8.1.2.2　能源消费结构特征

河北省能源消费的结构特征可以从能源消费品种和能源消费部门两个方面来分析。

（1）能源消费以煤炭为主，能源消费品种均衡性较差。

在河北省的能源消费结构中，煤炭消费量在能源消费总量中占有非常高的比

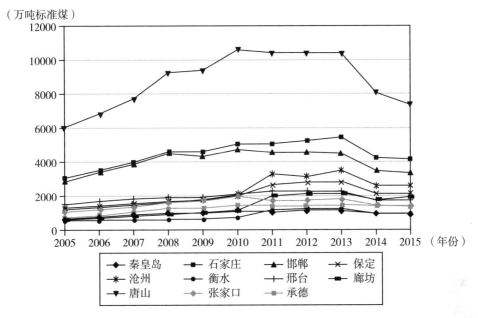

（万吨标准煤）

图例：
◆ 秦皇岛　■ 石家庄　▲ 邯郸　✕ 保定
＊ 沧州　● 衡水　＋ 邢台　■ 廊坊
▼ 唐山　◆ 张家口　■ 承德

图8.9　2005～2015年河北省各市能源消费总量发展趋势

重，在能源消费结构中占据主导地位（见图8.10）。1995～2015年，煤炭消费量在能源消费总量中的比重高达90%左右，其中2003年达到最高值为92.78%，

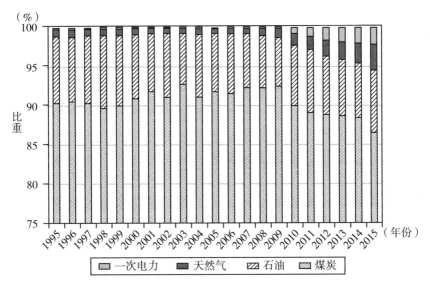

（%）

比重

图例：一次电力　天然气　石油　煤炭

图8.10　1995～2015年河北省能源消费结构

2015 年是近 30 年来的最低值为 86.55%。在河北省能源消费结构中，石油消费量在能源消费总量中的比重波动下降，由 1995 年的 8.54% 下降到 2015 年的 7.99%。天然气消费量在能源消费总量中的比重波动上升，由 1995 年的 0.94% 上升到 2015 年的 3.3%。一次电力消费量略有增加，由 1995 年的 0.19% 上升到 2015 年的 2.17%。综合来看，河北省的能源消费结构正在逐步优化，煤炭及其制品、油品作为效率低、污染较重的能源品种，其消费量所占比重正在逐步降低，电力和天然气等清洁能源的比重正在提高。尽管近几年河北省新能源技术发展较快，风电、光电等清洁能源的比重不断上升，如河北丰宁抽水蓄能电站的电力装机容量高达 360 万千瓦，但是河北省电力行业中火电比例较高，火电的大规模用煤对大气环境造成了严重的威胁。因此，河北省能源消费结构相对比较单一，煤炭消费量在能源消费中的占比居高不下，对煤炭的消费方式也比较落后，天然气等清洁能源的所占比重较低，各能源品种消费的均衡性较差。

（2）能源消费集中于工业部门和六大高能耗行业。

河北省正处于工业化发展中期，工业在国民经济中的比重较高。2015 年，河北省 GDP 中工业增加值比重为 42.4%，但其所消耗的能源却约占全部能源消费的 69%。2005～2015 年，在河北省能源消费总量的部门构成中（见图 8.11），工业的能源消费量由 15852 万吨标准煤增长到 22184 万吨标准煤，其在能源消费总量中的比重均在 75% 以上，2011 年达到最高值为 80.29%，2015 年为最低值 75.47%。因此，工业的能源消费在能源消费总量中占据主导地位，工业是能源

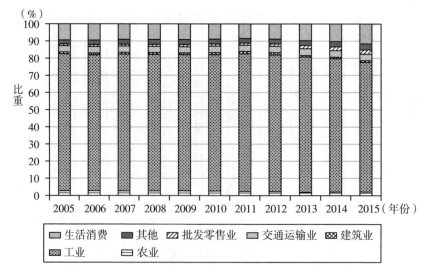

图 8.11 2005～2015 年河北省能源消费总量的部门构成

的最大消费部门，农业、建筑业、交通运输业、批发零售业、生活消费以及其他行业的能源消费比重基本维持在 2.46%、1.09%、3.7%、1.45%、9.43% 和 2.87% 左右。

2015 年，河北省规模以上工业能源消费量为 20269.64 万吨标准煤，比上年下降 1.88%，其中，六大高能耗行业的能源消费总量为 18550.75 万吨标准煤，占工业能源消费量的 83.62%，占全部能源消费的 63.11%（见表 8.1）。同上年相比，六大行业能源消费增速表现为"三升三降"，非金属矿物制品业下降 8.97%，化学原料及化学制品制造业下降 0.6%，电力热力的生产和供应业下降 3.6%；煤炭开采和洗选业、石油加工炼焦及核燃料加工业、黑色金属冶炼及压延加工业分别增长 2.2%、9.1% 和 1.8%。从表 8.1 中可以看出，2015 年河北省黑色金属冶炼及压延加工业、电力热力生产和供应业占全部能源消费的比重高达 36.36% 和 13.17%。可见，能源消费集中于工业部门，并且在工业内部集中于六大高耗能行业。由此可以推断，抑制工业尤其是六大高耗能行业的过度膨胀是控制能源消费的关键。

表 8.1　　　　2015 年河北省六大高耗能行业能源消费量及其比重

行业	能源消费量（万吨标准煤）	占工业能源消费量比重（%）	占全部能源消费量比重（%）
黑色金属冶炼及压延加工业	10686.81	48.17	36.36
电力热力生产和供应业	3871.98	17.45	13.17
非金属矿物制品业	1011.22	4.56	3.44
化学原料及化学制品制造业	1288.43	5.81	4.38
煤炭开采和洗选业	929.53	4.19	3.16
石油加工、炼焦和核燃料加工业	762.78	3.44	2.59
合计	18550.75	83.62	63.11

资料来源：《河北经济年鉴（2016）》。

（3）生活消费是第二大能源消费部门，能源消费增长较快。

居民家庭的生活消费是指除了交通运输以外的所有家庭能源消费总和。2005～2015 年，河北省生活消费总量由 1869 万吨标准煤增长到 3391 万吨标准煤，年均增长率为 6.14%，增速相对其他部门较快，在能源消费总量的比重由 2005 年的 9.42% 波动上升到 2015 年的 11.54%，一直保持在第二位，仅次于工业。也就是说，随着河北省居民家庭生活条件的改善，居民家庭供热、空调、家庭电器等的购买量和使用量增加，对能源形成了一定的需求，从而使生活消费总量有所增加，而且与工业、交通运输业、建筑业和批发零售业相比，需求增长相对较快。

（4）交通运输业能源消费稳定增长。

交通运输业主要包括交通运输、仓储和邮政业。2015年，河北省交通运输业的能源消费总量为1111万吨标准煤，占能源消费总量的3.78%，仅次于工业和生活消费，成为河北省第三大能源消费部门。2005～2015年，河北省交通运输业能源消费总量的年均增长率为4.6%，高于工业、建筑业和批发零售业的年均增长率3.4%、3.88%和4.46%，但由于其在能源消费总量中所占比例较小，因此对能源消费结构影响不大。也就是说，河北省能源消费结构中工业部门一直占据主导地位，河北省经济增长对工业的依赖性较强。

8.1.2.3 能源强度特征

能源强度也称为单位产值能耗，是指一个国家或地区、部门或行业单位产值所消耗的能源量，通常用能源消费总量与生产总值的比值来表示。能源强度不仅可以反映出经济增长对能源依赖程度的强弱，同时也是衡量能源利用效率水平高低的重要指标。能源强度越低，表示一国或地区单位GDP的能源消耗量就越少，能源在消费过程中的经济效率或利用效率就越高；反之，则表明能源消费过程中高能耗低产出的经济发展状态。河北省能源强度变化趋势如图8.12所示，为了真实地反映能源消费强度的变化情况，GDP折算为1995年的不变价格。

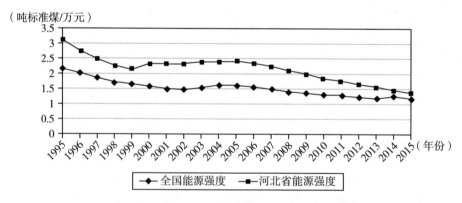

图 8.12　1995～2015 年河北省能源强度变化趋势

1995～2015年，河北省单位GDP能耗在波动中逐渐下降，由3.12吨标准煤/万元下降到1.37吨标准煤/万元，年均下降率为4.03%。这表明河北省经济的发展由高能耗方式逐步向低能耗方式转变，发展模式趋于合理，这主要得益于全省加快了对高能耗、高污染、高排放行业过剩产能的压减和落后产能的淘汰，加大了对企业节能技术的改造力度和节能管理，为先进技术的应用推广拓宽了市场领域和发展空间，从而使能源利用效率不断提高，促进了工业整体水平的不断优化。但总体而言，河北省并没有完全摆脱高投入、高能耗的经济发展模式。与国际先进城市相比，能源强度的下降潜力仍然较大。在当前能源储量有限、清洁能源开发利用水平较低、能源供需矛盾突出的现状下，只有不断提高能源的使用效率，才能使有限的能源最大限度地发挥带动经济增长的作用，不至于出现不可再生能源枯竭或可再生、新能源不足以支撑经济发展的局面[278]。

通过对比河北省和全国的能源强度数据发现，同期河北省单位 GDP 能耗始终高于全国平均水平，但两者之间的差距越来越小。具体可分为三个阶段：1995 ~ 1999 年，河北省能源强度相比于中国的能源强度下降速度较快，与中国能源强度差距缩小；2000 ~ 2005 年，河北省和中国的能源强度都处在波动中，主要原因可能是我国前期体制改革所产生的效率潜能逐渐释放，城市化和工业化的快速发展和高耗能、低附加值产品大量出口使中国高耗能行业和重化工产业得到快速发展导致能源强度出现了短暂的上升[279]；2005 年以后，河北省不断致力于能源利用技术的改进，能源强度逐渐接近于全国能源强度水平，2015 年两者的差距仅为 0.19 吨标准煤/万元，预计在未来几年河北省单位 GDP 能耗有望低于全国平均水平。

图 8.13 为河北省各市 2005 ~ 2015 年实际单位 GDP 能耗的变化趋势，可以看出，各市均呈现波动中下降的趋势，下降速度最快的是唐山市，由 2005 年的 2.978 吨标准煤/万元下降到 2015 年的 1.51 吨标准煤/万元，年均下降率达到 6.57%。2015 年单位 GDP 能耗最低的是保定市，一直以来保定市都处于低能耗状态，2012 年之后能源强度更是稳步下降。预计在未来几年河北省各市单位 GDP 能耗能够继续保持平稳下降的状态。

8.1.3　碳排放现状

8.1.3.1　产业碳排放特征

采用第 4 章介绍的碳排放测算方法，求得 1995 ~ 2015 年河北省各部门碳排放量。考虑到数据的可获得性，加上获取的数据本身存在误差，所以估算的结果可能与实际数据存在一定的偏差，详见表 8.2。

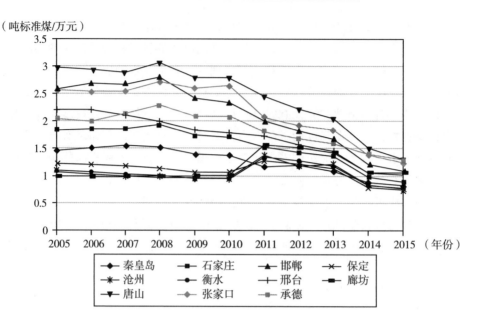

（吨标准煤/万元）

图 8.13　2005～2015 年河北省各市能源强度发展趋势

表 8.2　　　　　　　　1995～2015 年河北省各产业部门碳排放量　　　　　　单位：万吨

年份	农业	工业	建筑业	交通运输业	批发零售业	生活消费	其他服务业
1995	80.44	6072.84	17.46	113.31	27.62	834.05	95.30
1996	71.72	6169.32	15.14	109.95	33.25	929.77	114.62
1997	71.06	6493.51	14.30	105.13	34.61	1083.80	112.72
1998	68.36	6428.32	16.88	107.62	33.93	850.15	114.66
1999	65.07	6649.01	17.15	110.86	33.97	865.73	121.52
2000	61.11	7031.43	21.82	113.94	34.26	852.29	132.48
2001	57.06	7345.52	25.63	109.23	33.88	859.98	142.09
2002	53.33	8353.92	23.66	106.58	35.78	843.65	147.77
2003	49.96	9687.39	25.28	109.88	37.01	848.88	152.47
2004	47.60	11357.73	26.28	183.09	38.96	816.16	156.42
2005	62.28	14247.26	34.50	356.34	48.76	836.58	172.44
2006	35.89	15240.17	35.08	367.53	48.53	715.96	156.50
2007	40.01	16811.66	37.18	391.68	45.07	663.60	150.50

续表

年份	农业	工业	建筑业	交通运输业	批发零售业	生活消费	其他服务业
2008	64.05	17271.71	37.12	390.88	99.04	764.80	270.03
2009	62.84	18446.41	38.80	388.29	108.89	736.02	280.41
2010	88.68	19967.16	44.14	453.65	117.74	900.95	300.70
2011	173.80	22627.83	48.21	495.70	116.46	919.37	274.16
2012	245.66	22921.84	49.75	503.88	109.47	990.59	280.92
2013	214.43	22841.35	39.17	509.80	120.65	1149.73	240.72
2014	204.85	21736.24	35.29	459.91	125.02	1138.05	230.77
2015	207.10	21256.88	65.83	452.84	135.10	1300.57	246.85

各产业部门的碳排放均呈现在波动中增长的趋势，其年均增长率分别为：农业4.84%、工业6.46%、建筑业6.86%、交通运输业7.17%、批发零售业8.26%、生活消费2.25%、其他服务业4.87%。第三产业中的批发零售业和交通运输业增长速度较快，这是产业结构调整的直接结果；生活消费增长速度较慢，说明人们的绿色消费意识增强。其中，工业占据了碳排放总量的90.36%，其次是生活消费和交通运输业，分别占总排放量的5.42%和1.7%，而且20年来其比重变化甚微。可见，河北省的各产业部门结构并没有发生根本改变。2013年，农业、工业、建筑业、其他服务业碳排放量开始出现下降趋势；2014年，除了批发零售业之外，其他产业部门的碳排放量都比上年降低了，使河北省的碳排放总量出现了1995年以来的首次下降。

从三大产业角度来看，如图8.14所示，第二产业的碳排放量一直居于绝对主导地位，平均增长率为6.47%；第一、第三产业增长平稳，平均增长率分别为4.84%和3.51%。三大产业碳排放结构由1995年的1.11:84.11:14.78转变成2015年的0.88:90.10:9.02，各产业比例变化不明显，第一和第三产业碳排放占比下降，第二产业占比稍有上升，这表明第二产业始终是河北省碳排放的主要来源。具体来说，河北省第一产业的碳排放在研究期内整体呈上升趋势，从80.44万吨上升到207.10万吨。但从整个研究期的结构比例发展趋势来看，1995~2005年第一产业碳排放量比重基本处于下降趋势，由1.11%下降到0.40%，而2006~2012年又由0.22%快速上升到0.98%，2013~2015年出现小幅度下降，说明河北省在推进农业现代化发展的进程中，对能源的依赖作用正在由强变弱，正在不断实现农业领域低碳发展的过程当中，处于低碳发展的初期。包含工业和建筑业在内的第二产业是能源消费碳排放的主要产业部门，1995～2015年，河北省第二产业的碳排放量由6090.3万吨波动上升到21322.71万吨，其结构比重由1995年的84.11%波动上升到2007年的92.88%，而后逐年下降至90.10%，这表明2007年后，河北省第二产业部门低碳化发展趋势初显，碳减排政策措施取得初步成效。对第三产业而言，其碳排放主要来自生活消费，但随着高能耗的交通运输业以及服务业的快速发展，研究期内其碳排放量由1070.28万吨波动上升到2135.36万吨。但第三产业以碳排放量年均3.51%的增长速度支撑了第三产业产值年均11.36%的增长速度，无论是在产值上还是碳排放量的控制上都具有优势，因此加快第三产业的发展是河北省未来实现低碳经济发展的着力点。

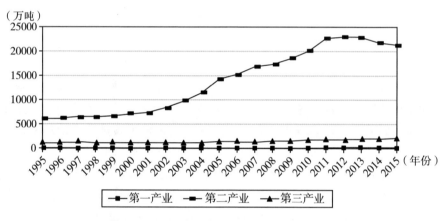

图8.14　河北省三大产业碳排放量变化趋势

从三次产业的碳排放强度来看，如图8.15所示，由于技术进步、能源利用效率的提高等因素使三次产业中第二产业和第三产业的实际碳排放强度总体上呈下降趋势，第一产业在波动中略有上升。其中，第二产业的降幅最大，由1995年的4.6吨/万元下降到2015年的1.76吨/万元，成为河北省碳排放强度降低的主要贡献力量。第三产业的碳排放强度由1995年的1.19吨/万元下降到2015年的0.28吨/万元，年均下降率为7.31%，下降速度最快。与同期相对比，整个研究期内第二产业的碳排放强度一直高于第一、第三产业，但差距基本在波动中逐渐缩小。第二产业的碳排放强度从1995年起比第一产业高4.48吨/万元，比第三产业高3.41吨/万元发展到2015年比第一产业高1.63吨/万元，比第三产业高1.49吨/万元的情形，说明第二产业的节能降碳取得了一定的效果。

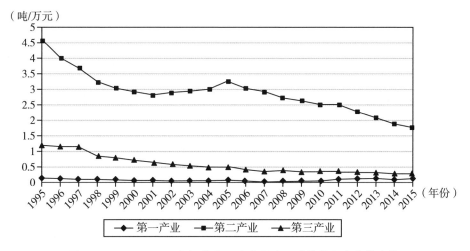

（吨/万元）

第一产业　　■ 第二产业　　▲ 第三产业

图 8.15　1995～2015 年河北省三次产业实际碳排放强度趋势变化

8.1.3.2　碳排放总量特征

随着城市化进程的加快，河北省不断加大对能源的需求，随之而来的是碳排放量的快速增长。根据第 4 章的碳排放估算公式，可以得到河北省 1995～2015年碳排放总量。

图 8.16 显示了 1995～2015 年河北省碳排放总量及其增长率的变动情况，从碳排放规模上看，河北省碳排放总量总体呈上升趋势，近两年略有下降，碳排放总量由 1995 年的 7241.01 万吨增长到 2015 年的 23665.17 万吨，近 20 年增长了16424.16 万吨，年均增长率为 6.10%。同时河北省碳排放总量的增长率上下起伏比较大，2005 年增长率达到顶峰 24.8%，紧接着呈振动下降的趋势，并在2014 年达到最低点 -4.72%。具体可分为三个阶段：1995～2001 年，碳排放增长量比较平稳；2002～2007 年，碳排放量增长迅速，由 2001 年的 8573.36 万吨增加到 2007 年的 18139.71 万吨，增长了 111.58%，这主要是因为这个时期的河北省受全国大环境的影响，工业化发展较快，再加上实施了一些扩大内需和增加投资的政策，重工业尤其是高耗能的产业发展迅速，最终导致河北省在经济增长的同时，能源消费以及碳排放总量也呈现较快的增长趋势；2008 年受北京举办奥运会的影响，碳排放总量增长变缓，但在 2011 年反弹到 12.7%，可能的原因是政府为了应对金融危机的影响，扩大内需，从而增加了能源消费继而导致了碳排放量的上升。在进入"十二五"之后，随着节能减排力度的加大以及低碳环保技术的应用，碳排放量增长变缓，到 2014 年增长率变为负值，2015 年进一步

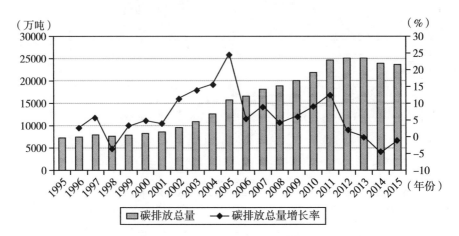

图 8.16　1995～2015 年河北省碳排放总量及其增长趋势

下降，这种变化是与国家要求的低碳节能减排政策相符合的。

由于河北省各市能源消费实物量没有按产业分类，而且 2000 年之前的数据缺失较多，2015 年及之后的数据还没有完全公布，因此对各市 2000～2014 年的碳排放总量发展趋势进行分析。

从碳排放规模上看，河北省各市碳排放总量总体呈上升趋势，近两年略有下降，与全省的增长趋势一致。其中唐山市的碳排放总量远超其他各市，2014 年已接近 9000 万吨，占全省碳排放总量的 36.5%，年均增长率高达 7.64%；邯郸市和石家庄市紧随其后，但 2012 年后石家庄市碳排放总量有所下降；其他各市碳排放总量均在 3000 万吨以下（见图 8.17）。

8.1.3.3　人均碳排放特征

根据人均碳排放量及其增长率的波动幅度，河北省人均碳排放量的变化大体与碳排放总量变化相同，大致经历了三个阶段：1995～2001 年，人均碳排放量的变动在振动中并未表现出明显的趋势。在该期间内，河北省的经济增长平稳，但经济总量不大，人均碳排放量伴随着经济增长呈现出一定的波动状态。2002～2012 年，人均碳排放量处于不断增长中，其中前半段 2002～2007 年是快速增长阶段，人均碳排放量由 1.42 吨/人上升到 2.61 吨/人，这一阶段河北省处于工业化快速发展时期，一些高耗能行业的发展导致了能源消费的大量增加；后半段2008～2012 年是人均碳排放量的缓慢增长阶段，由 2.7 吨/人上升到 3.44 吨/人，这阶段工业化发展迈入中后期，河北省产业结构总体上呈现高新技术开始发展、制造业和服务业共同发展、经济增长质量和效益有所提升的特征，以往高耗能、

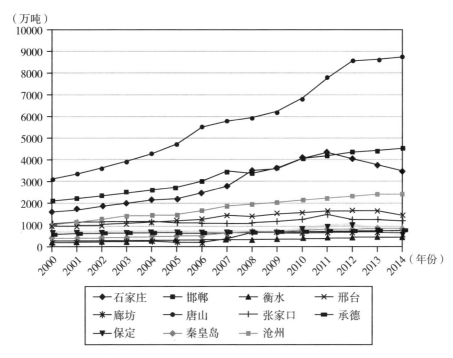

（万吨）

图 8.17　2000～2014 年河北省各市碳排放总量发展趋势

高污染、高排放的产业开始逐步退出，渐渐被集约化、高效益的新型工业所取代，因此在这一阶段河北省人均碳排放增速变缓。2013 年开始人均碳排放量逐年下降，到 2015 年降为 3.19 吨/人。这主要是由于低碳政策逐渐在河北省实施，出台了一系列节能减排的措施促进了人均碳排放量的下降（见图 8.18）。

同全国相比，整个研究期内河北省的人均碳排放量均高于全国同期水平，且两者之间的差距在波动中逐渐加大，2012 年开始差距才逐渐变小。另外，河北省与全国人均碳排放量增长率的变动趋势大致相同，尤其是 2012 年以后河北省的人均碳排放的增长率明显低于全国平均水平，以上表明河北省的节能减排略有成效，低碳政策效果开始显现。

除去了人口基数的影响外，图 8.19 显示，河北省各市人均碳排放量总体呈上升趋势，近两年有所下降，与碳排放总量发展趋势一致。唐山市上升速度最快，近两年有所减缓，2014 年人均碳排放量达到 11.25 吨/人，其他各市均不超过 6 吨/人。尤其是低碳试点城市石家庄市和保定市，2012 年之后人均碳排放量下降幅度相对较大。由此可以看出，河北省降低人均碳排放量的关键就在于唐山市[280]，但其以重工业为主的产业结构不可能在短时间内彻底改变。

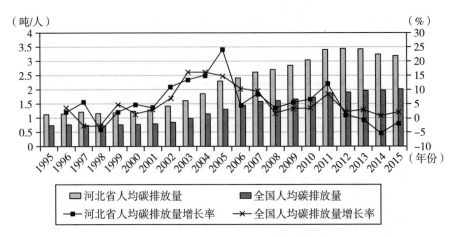

图 8.18 1995～2015 年河北省与全国人均碳排放量及其增长率对比趋势

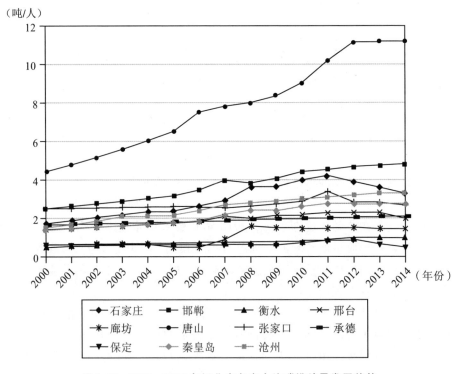

图 8.19 2000～2014 年河北省各市人均碳排放量发展趋势

8.1.3.4 碳排放强度特征

碳排放强度是指单位生产总值所产生的碳排放量，它的大小反映了一个国家或地区低碳经济的发展程度，若某一国家或地区在经济不断增长的同时，碳排放强度不断降低，说明该地区的低碳经济发展较好。根据河北省以及全国的实际生产总值及碳排放总量的数据，可以计算出 1995~2015 年河北省和全国的碳排放强度。

从图 8.20 可以看出，河北省的实际碳排放强度整体呈现下降趋势，由1995 年的 2.54 吨/万元下降到 2015 年的 1.11 吨/万元，年均下降率为4.05%。其中 2002~2005 年碳排放强度略有回升，近些年除了 2011 年有小幅度增长之外，河北省实际碳排放强度下降趋势较为明显。这表明河北省已经在一定程度上实行了低碳经济的发展模式，经济增长方式得到转变，能源利用效率逐渐提高。

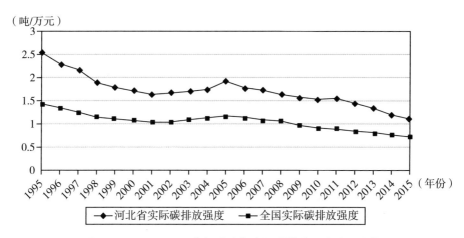

（吨/万元）

图 8.20 1995~2015 年河北省与全国碳排放强度对比趋势

与全国相比，两者发展趋势大致相同，同期河北省碳排放强度均显著高于全国碳排放强度，但差距逐渐缩小，这主要是因为河北省的产业发展仍以重工业为主导，在能源结构优化、产业结构转型以及技术革新等方面与全国还存在着一定的差距。但随着河北省逐步迈入工业化发展中后期，重工业规模性扩张的势头有所减缓，高新技术产业和现代服务业对经济的拉动作用逐渐增强，使河北省与全国碳排放强度的差距越来越小。

8.2
河北省碳排放关键影响因素识别

8.2.1 数据来源及处理

1995～2015 年河北省碳排放量参见 8.1.3 小节，其他数据均来源于《河北经济年鉴》。其中，生产总值、产业增加值等相关数据均折算成 1995 年的不变价格。

8.2.2 变量统计描述及相关性分析

根据 4.2.1 小节中关于碳排放影响因素的研究结果，运用 SPSS 软件对河北省碳排放的影响因素变量进行描述性统计分析，见表 8.3。其中，碳排放量、人均 GDP 的标准差分别为 6936 和 7935.6，说明两者的波动较大，均呈现快速上升的趋势；能源技术相关专利数的标准差为 1470.56，表明能源技术相关的专利数量有一定的提升，河北省开始重视低碳技术的开发与应用；能源强度的最大值为 2.54，最小值为 1.1，均值为 1.71，说明技术进步与体制改革等措施促进了能源利用效率的提高；城镇人口比重最小值和最大值分别是 0.20 和 0.51，均值为 0.36 且标准差为 0.1。这段时期受国家户籍改革政策的影响，河北省城镇化水平持续增长，大量农村人口转变成城镇户口。能源价格、能源结构、工业比重和第二产业比重变化均较小。

表 8.3 模型变量描述性统计分析

变量	N	最小值	最大值	均值	标准差	方差
C（万吨）	21	7241.01	25115.85	15321.7066	6936.01739	48108337.201
A（元/人）	21	4444.00	28840.19	14023.5725	7935.61127	62973926.261
EB	21	0.8655	0.9278	0.905210	0.0159122	0.000
EI（吨标准煤/万元）	21	1.1043	2.5407	1.714072	0.3371714	0.114
IB	21	0.4642	0.5434	0.507063	0.0230746	0.001
IIB	21	0.8660	0.9071	0.886574	0.0110226	0.000

续表

变量	N	最小值	最大值	均值	标准差	方差
UB	21	0.2048	0.5130	0.357653	0.1042140	0.011
EP	21	90.27	118.39	103.3724	7.77089	60.387
RD（件）	21	7	5411	1169.6667	1470.55678	2162537.233
有效的 N	21					

资料来源：SPSS 软件计算得出。

表 8.4 为 SPSS 软件计算得出的双变量 Pearson 相关系数分析结果，一部分解释变量间的相关系数接近 1，说明解释变量间存在较高相关性，易造成多重共线性，即线性回归模型中的解释变量之间由于存在精确相关关系或高度相关关系而使模型估计失真或难以估计准确。

表 8.4　　　　　　　　变量间 Pearson 相关系数

	C	A	EB	EI	IB	IIB	UB	EP	RD
C	1	0.969**	−0.420	−0.751**	0.712**	0.683**	0.968**	−0.133	0.843**
A		1	−0.554**	−0.838**	0.551**	0.541*	0.958**	−0.279	0.940**
EB			1	0.409	0.165	0.229	−0.324	0.478*	−0.734**
EI				1	−0.424	−0.391	−0.828**	0.407	−0.781**
IB					1	0.895**	0.687**	0.297	0.271
IIB						1	0.693**	0.305	0.290
UB							1	−0.118	0.837**
EP								1	−0.416
RD									1

注：**. 在 0.01 水平上显著相关（双侧），*. 在 0.05 水平上显著相关（双侧）。

8.2.3　基于偏最小二乘法的河北省碳排放关键影响因素结果分析

表 8.5 为河北省碳排放的 STIRPAT 模型的普通最小二乘法的回归结果，由共线性诊断结果可知，大多数变量的方差膨胀因子远远高于 10，说明变量之间存在严重的多重共线性，与 Pearson 相关系数的研究结果不谋而合。因此，普通

最小二乘法拟合出的系数无法保证其准确性和真实性，不能根据普通最小二乘法拟合的结果进行判断，必须消除自变量的多重共线性才能得到稳健的结果。而偏最小二乘回归方法在多元线性回归方法的基础上，引入主成分分析方法和典型相关分析思想，使在解释变量存在严重多重相关性的条件下也可进行回归建模，同时保证结论的有效性。

表 8.5　　　　　　　　　　普通最小二乘法回归结果

模型	非标准化系数		标准化系数	T	Sig.	共线性统计量	
	B	标准误差				容差	VIF
（常数项）	−0.995	0.278		−3.583	0.004		
lnA	1.069	0.015	1.325	69.392	0.000	0.005	204.266
lnEB	−0.293	0.102	−0.011	−2.881	0.014	0.129	7.737
lnEI	0.981	0.012	0.397	83.549	0.000	0.079	12.635
lnIB	−0.010	0.059	−0.001	−0.167	0.870	0.058	17.327
lnIIB	0.001	0.141	0.000	0.010	0.992	0.136	7.372
lnUB	0.029	0.037	0.019	0.788	0.446	0.003	327.848
lnEP	0.002	0.017	0.000	0.121	0.906	0.259	3.862
lnRD	−0.005	0.004	−0.022	−1.258	0.232	0.006	165.563

注：被解释变量：lnC。

资料来源：SPSS 软件计算得出。

运用 SIMCA - P11.5 软件进行偏最小二乘回归。首先，通过 t_1/t_2 离散图检验偏最小二乘法是否适用于本书的研究，如图 8.21 所示，所有样本数据均置于 t_1/t_2 离散图的椭圆圈之内，说明所提取的主成分可以很好地代表所有解释变量的信息。

其次，图 8.22 为模型的 t_1/u_1 离散图，所有点均位于第一象限和第三象限，说明解释变量对应的主成分 t_1 和被解释变量对应的主成分 u_1 存在线性关系，可以用偏最小二乘线性回归模型计算各影响因素对河北省碳排放量的影响弹性系数。

图 8.23 为观测数据和预测数据图，实际的观测数据和预测数据大致呈现出线性关系，表明偏最小二乘方法的回归结果解释程度比较高。

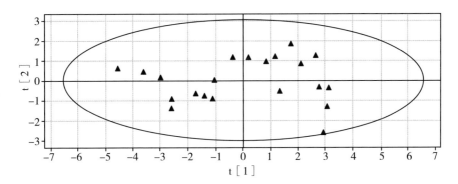

图 8.21　河北省碳排放 STIRPAT 模型 t_1/t_2 离散图

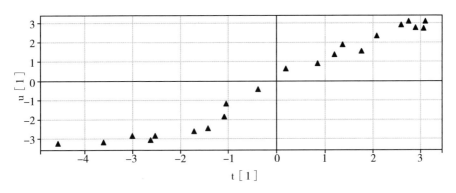

图 8.22　河北省碳排放 STIRPAT 模型 t_1/u_1 离散图

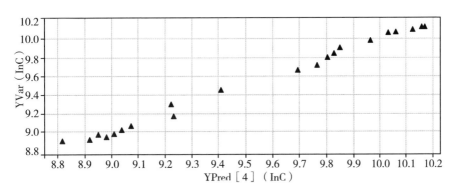

图 8.23　河北省碳排放量观测数据与预测数据关系

对各变量进行偏最小二乘回归，得到标准化回归方程：

$$\ln C = 0.2223\ln A + 0.2456(\ln A)^2 + 0.0795\ln EB + 0.3701\ln EI + 0.1002\ln IB +$$

$$0.0823\ln IIB + 0.2116\ln UB + 0.0615\ln EP - 0.1032\ln RD + 17.6325 \qquad (8.1)$$

从上述回归结果可以看出，人均 GDP、单位 GDP 能耗、城镇人口比重、第二产业比重、工业比重、煤炭消费比重和原材料、燃料、动力价格指数的系数为正，能源技术相关专利数的系数为负。从绝对值来看，变量的弹性系数由大到小排序依次为：能源强度、人均 GDP、城镇人口比重、研发产出、第二产业比重、工业比重、能源结构、能源价格。下面依次对各影响因素进行分析。

能源强度对河北省碳排放量的正面影响最大，单位 GDP 能耗每降低 1%，河北省碳排放量就下降 0.3701%，因此能源强度是河北省碳排放量上升的最大抑制因素。近些年来河北省单位 GDP 能耗不断下降，碳排放量也开始出现下降趋势，说明能源强度的下降较明显地起到了减少碳排放的作用，技术进步提高了能源的利用效率，减少了能源消费总量，从而明显地降低了碳排放量。因此，降低河北省碳排放量，技术进步是关键。

人均 GDP 是造成河北省碳排放量增加的关键因素，人均 GDP 每上升 1%，碳排放量就上升 0.2223%。这表明随着经济水平的提高，河北省能源消费量增加，经济增长依赖于能源的消耗，从而碳排放量也会随之增加。这种经济发展模式会带来严重的后果，那就是经济发展的越快，随之带来的碳排放量也会大幅增加。同时，人均 GDP 的增加意味着居民人均可支配收入水平的提高，这将会大大提升人们的购买力，从而导致碳排放量增加。因此，控制河北省碳排放量的一个关键点就是让经济发展与能源消费量解耦，使人均 GDP 的增长不依赖于能源的消耗。

同时，河北省人均 GDP 对数的二次项系数 k = 0.2456 > 0，说明在样本期内，河北省不存在环境库兹涅兹曲线。环境库兹涅兹曲线揭示了环境质量与经济发展间的关系，若出现 EKC 曲线所预示的特征，则表示环境质量随着经济的发展正在逐渐改善。河北省碳排放量近两年出现下降趋势，但从整体来看其 EKC 曲线近似倒 "U" 形曲线的左半段，即碳排放量仍处于波动上升期。这表明河北省经济发展与环境质量并未实现较好协调，虽然目前可能无法改变碳排放与经济增长之间 EKC 的形状，但是可以通过实施各种低碳政策使曲线的拐点发生变化[281]。河北省可以通过降低高耗能产业产值比重、增加第三产业产值比重、增加清洁能源消费量以及大量使用低碳技术等措施来不断降低碳排放强度、提高碳生产率水平，在经济增长的同时注重环境质量的改善，走低碳化发展道路，从而更早地到达碳排放与经济增长之间的 EKC 拐点。

城镇人口比重也是河北省碳排放量增加的重要因素，城镇化水平每增加 1%，碳排放量就增加 0.2116%。伴随着城镇人口比重的增加，城市交通、运输及住宅建设等需求也不断增长，从而加大了河北省能源消费以及碳排放量。

研发产出的弹性系数为 -0.1032，表明能源技术相关专利数量的增多抑制了河北省碳排放量的增长，抑制作用较强。尽管河北省的能源技术相关专利数量逐年增加，但占专利总数量的比重仅为 10%～15%，与全国其他省份研发产出水平相比还处于落后状态。虽然河北省研发水平比较落后，但其对碳排放的抑制作用不可忽视，加大能源技术的开发和利用是未来河北省低碳经济发展的关键点[282]。

产业结构包含两个指标因素：工业产值占第二产业产值比重和第二产业产值占生产总值比重。两者都促进了河北省碳排放量的升高，工业比重每增加 1%，碳排放量就增加 0.0823%，第二产业比重每增加 1%，碳排放量就增加 0.1002%。以工业为代表的第二产业是碳排放量最大的产业部门，近年来，第二产业比重稳步下降，但均在 50% 以上，由此产生了较大的能源消耗，非常不利于河北省的节能减排。因此，河北省应该加速调整产业结构，提升科技水平和能源利用效率，逐渐淘汰和关闭高耗能以及高污染的企业，鼓励发展绿色低碳环保产业，从而降低能源消耗，控制及减少碳排放量[283]。

能源结构的弹性系数为 0.0795，煤炭消费量占能源消费总量的比重每升高 1%，碳排放量就增加 0.0795%，这表明能源结构的优化对碳排放量的升高起到抑制作用。河北省碳排放绝大部分是由煤炭燃烧所产生的，2009 年以来河北省能源结构不断优化，煤炭消费量在能源消费总量中的比重在波动中处于下降趋势，对促进碳排放量的下降做出了贡献。因此，河北省应当继续优化能源结构，在降低煤炭消费比重的同时提高天然气等清洁能源的比重，才能从根本上发挥能源结构优化的抑制作用，降低碳排放量[284]。

能源价格的弹性系数为 0.0615，表明能源价格的上升没有对碳排放量的下降起到促进作用。由于能源资源价格较低以及市场化程度不高，价格的扭曲导致供需双方不能得到准确信号，进而导致消费扭曲，价格机制无法有效调节资源的生产和消费行为，使生产生活中能源被低效和"过度"利用，导致了能源价格与碳排放之间不一定是负相关关系[243]。

图 8.24 显示了河北省碳排放各影响因素变量的 VIP 值。1995～2015 年，在各解释变量中，人均 GDP 对碳排放量的影响最大，接下来依次是城镇人口比重、能源技术相关专利数、第二产业比重、能源强度、工业比重、能源结构和能源价格。其中，人均 GDP、城镇人口比重、能源技术相关专利数的 VIP 值均大于 1，表明这三个变量对碳排放量的作用效果非常重要。第二产业比重、能源强度、工业比重的 VIP 值在 0.5～1，说明它们对碳排放量的解释程度相对较小，能源结构和能源价格的 VIP 小于 0.5，表明它对碳排放量的解释不重要。

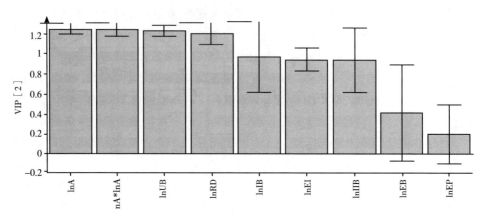

图 8.24　河北省碳排放影响因素 VIP 指标

根据偏最小二乘回归结果，能源强度、人均 GDP、城镇人口比重、能源技术相关专利数、第二产业比重和工业比重对碳排放量的弹性系数排名靠前且 VIP 值均大于 0.5，能源结构和能源价格排名靠后且 VIP 值小于 0.5。而且相对于工业比重来说，第二产业比重回归系数更大且对碳排放的作用效果更重要，因此仅选择第二产业比重作为产业结构因素的衡量指标。综合以上分析结果，确定河北省碳排放的关键影响因素为：能源强度、人均 GDP、城镇人口比重、能源技术相关专利数和第二产业比重。

人均 GDP 作为河北省碳排放量的一个主要贡献力量，其快速增长导致能源消费量也持续增加，从而对碳排放量的影响逐渐增大，这主要是因为河北省处于经济社会快速发展时期，"先污染后治理"的粗放式经济发展方式带来的不良影响和环境压力的形式十分严峻；同时，工业化和城镇化的进程加速伴随着能源的大量消耗以及碳排放量的快速增长[285]。因此，加大研发力度，支持企业技术创新，提高能源利用效率，转变经济增长方式，降低第二产业以及工业在 GDP 中的比重，提高服务业比重，坚持履行低碳发展政策是降低河北省碳排放量的有效途径。

8.2.4　河北省碳排放的 GM(1，1) 预测

根据 4.4.1 小节建立的区域碳排放预测模型，分别对碳排放量及其关键影响因素——能源强度、人均 GDP、城镇人口比重、第二产业比重和能源技术相关专利数，构建 GM(1，1) 预测模型进行预测分析。

8.2.4.1　碳排放量预测

根据 1995～2015 年河北省碳排放量的数据，构建碳排放量 GM（1，1）预测模型，对 2016～2022 年河北省碳排放量进行预测，预测方程及结果为：

$$\hat{x}(k+1) = 107221.189514e^{0.069261k} - 99980.179514 (k = 0,1,\cdots,n) \qquad (8.2)$$

根据表 8.6 中的预测结果可知，河北省碳排放量增长趋势变缓，平均增长速度为 5.76%。从图 8.25 中可以看出，河北省碳排放量的预测值曲线与实际值曲线相似性较好，曲线拟合精度较高、误差较小，近几年内碳排放量也不会达到峰值。这表明低碳政策在河北省发挥了一定作用，低碳经济发展势头良好，河北省应该加快改革步伐，尽可能早地出现 EKC 拐点[286]。

表 8.6　　　　　　　　2016～2022 年河北省碳排放量预测结果　　　　　　单位：万吨

年份	2016	2017	2018	2019	2020	2021	2022
碳排放量	27515.27	28800.12	30112.56	31524.67	33101.78	34011.89	34987.16

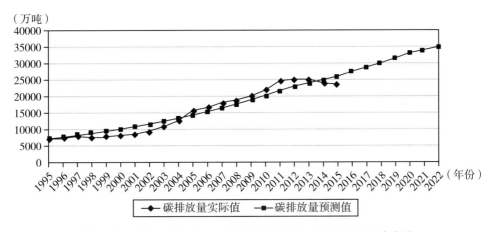

图 8.25　1995～2022 年河北省碳排放量实际值和预测值拟合曲线

8.2.4.2　人均 GDP 预测

根据 1995～2015 年河北省人均 GDP 的数据，构建人均 GDP 的 GM（1，1）预测模型，对 2016～2022 年河北省人均 GDP 进行预测，预测方程及结果为：

$$\hat{x}(k+1) = 55173.187381e^{0.092329k} - 50729.187381 (k = 0,1,\cdots,n) \qquad (8.3)$$

根据表 8.7 中的预测结果，河北省人均 GDP 增长速度较快，平均增长速度为 10.73%，与前 20 年相比基本持平。经济的发展会带来碳排放量的增加，但未来五年经济增长的速度远高于碳排放量的增长速度，说明河北省在控制碳排放量方面取得了较大的成效，未来如何调整经济依赖能源消耗的发展模式、使经济的发展完全与能源消费解耦将是河北省亟须解决的问题（见图 8.26）。

表 8.7　　　　　2016～2022 年河北省人均 GDP 预测结果　　　　单位：元/人

年份	2016	2017	2018	2019	2020	2021	2022
人均 GDP	33824.68	37096.41	40684.59	44619.85	48935.75	53669.11	58860.30

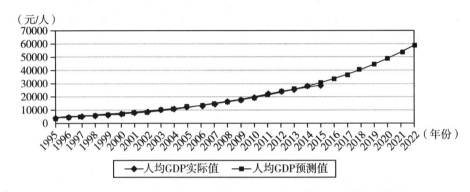

图 8.26　1995～2022 年河北省人均 GDP 实际值和预测值拟合曲线

8.2.4.3　城镇化率的预测

根据 1995～2015 年河北省城镇人口比重的数据，构建城镇化率的 GM（1，1）预测模型，对 2016～2022 年河北省城镇人口比重进行预测，预测方程及结果为：

$$\hat{x}(k+1) = 431.998782e^{0.049169k} - 414.928782(k = 0, 1, \cdots, n) \qquad (8.4)$$

根据表 8.8 中的预测结果，2016～2022 年河北省城镇化率的平均增长速度为 6.2%，增长速度较快。城镇化的提高会促进碳排放量的增加，但城镇化是我国经济社会发展的必然趋势，而且城镇化进程正在逐渐加大，因此不可能通过降低城镇人口比重来减少河北省碳排放量（见图 8.27）。

表 8.8　　　　　2016～2022 年河北省城镇人口比重预测结果　　　　单位：%

年份	2016	2017	2018	2019	2020	2021	2022
城镇人口比重	58.21	61.14	64.22	67.46	70.86	74.43	78.18

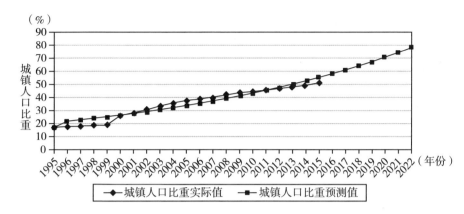

图 8.27 1995～2022 年河省城镇人口比重实际值和预测值拟合曲线

8.2.4.4 能源强度的预测

根据 1995～2015 年河北省单位 GDP 能耗的数据，构建能源强度的 GM（1，1）预测模型，对 2016～2022 年河北省单位 GDP 能耗进行预测，预测方程及结果为：

$$\hat{x}(k+1) = -85.359748e^{-0.024880k} + 87.900453(k=0,1,\cdots,n) \tag{8.5}$$

根据表 8.9 中的预测结果，河北省单位 GDP 能耗的平均下降速度为 0.076%，能源强度是河北省碳排放量下降的重要影响因素，未来 7 年河北省碳排放量仍保持低速增长，这表明河北省能源强度的降低起到了控制碳排放量的作用，但如若达到降低碳排放量的目标仍需要继续加大低碳技术的应用，提高能源利用效率，减少能源消费量（见图 8.28）。

表 8.9　　　　　2016～2022 年河北省单位 GDP 能耗预测结果　　单位：吨标准煤/万元

年份	2016	2017	2018	2019	2020	2021	2022
单位 GDP 能耗	1.27529	1.24395	1.21338	1.18357	1.15448	1.12611	1.09844

8.2.4.5 产业结构的预测

根据 1995～2015 年河北省第二产业增加值占地区生产总值比重的数据，构建产业结构的 GM（1，1）预测模型，对 2016～2022 年河北省第二产业比重进行预测，预测方程及结果为：

$$\hat{x}(k+1) = -88.101256e^{-0.006110k} + 126.522010(k=0,1,\cdots,n) \tag{8.6}$$

根据表 8.10 中的预测结果，河北省第二产业比重平均增长水平为 1.33 个百

（吨标准煤/万元）

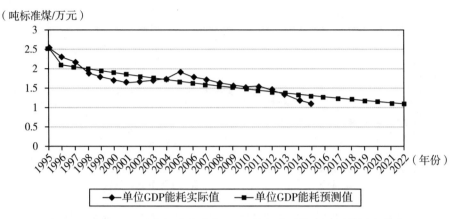

图 8.28　1995～2022 年河北省单位 GDP 能耗实际值和预测值拟合曲线

分点。河北省以重工业为主的产业结构不可能在短期内得到改变，加速调整产业结构、淘汰和关闭高耗能高污染企业、鼓励发展绿色低碳环保产业，仍是未来河北省低碳工作的重点（见图 8.29）。

表 8.10　　　　　　2016～2022 年河北省第二产业比重预测结果　　　　单位:%

年份	2016	2017	2018	2019	2020	2021	2022
第二产业比重	54.1222	54.56323	55.21231	56.19008	56.64367	57.32617	57.55532

（%）

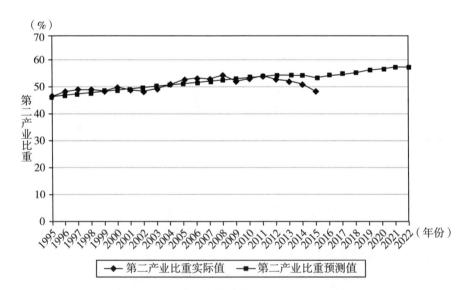

图 8.29　1995～2022 年河北省第二产业比重实际值和预测值拟合曲线

8.2.4.6　研发产出的预测

根据 1995～2015 年河北省能源技术相关专利数的数据，构建研发产出的
GM（1，1）预测模型，对 2016～2022 年河北省能源技术相关专利数进行预测，
预测方程及结果为：

$$\hat{x}(k+1) = 112.237123\,e^{0.19611k} + 105.218211\,(k = 0,1,\cdots,n) \tag{8.7}$$

根据表 8.11 中的预测结果，河北省能源技术相关专利数平均增长速度非常
快，达到 22.40%，这是国家倡导低碳能源技术开发和利用的结果。河北省研发
水平较全国处于落后状态，因此加大能源技术相关专利的研发、促进技术进步是
未来河北省降低碳排放量的关键因素（见图 8.30）。

表 8.11　　　　2016～2022 年河北省能源技术相关专利数预测结果　　　单位：件

年份	2016	2017	2018	2019	2020	2021	2022
能源技术相关专利数	6792	8287	10105	12317	15009	18283	22267

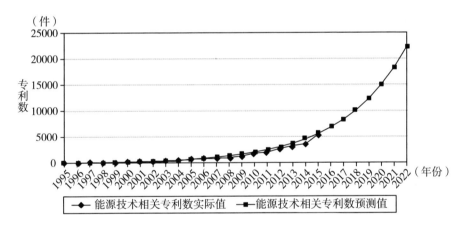

图 8.30　1995～2022 年河北省能源技术相关专利数实际值和预测值拟合曲线

8.2.4.7　预测模型的精度检验

将 1995～2015 年的预测值与实际值相比较，检验各个预测模型的精确度，
如表 8.12 所示。

从 GM（1，1）模型的预测结果可以看出：

（1）碳排放量。从绝对关联度和均方差比值指标来看，碳排放量预测精度为

表 8.12 预测模型的精确度

变量	相对误差	绝对关联度	均方差比值	小误差概率
碳排放量	0.0520（2）	0.9935（1）	0.2866（1）	0.95（2）
人均 GDP	0.0266（2）	0.9968（1）	0.0801（1）	1（1）
城镇人口比重	0.0345（2）	0.9946（1）	0.2832（1）	1（1）
单位 GDP 能耗	0.0079（1）	0.9919（1）	0.4240（2）	0.95（2）
第二产业比重	0.0531（2）	0.9950（1）	0.4388（2）	0.95（2）
能源技术相关专利数	0.0068（1）	0.9963（1）	0.2789（1）	1（1）

注：（ ）内为各预测精度指标所对应的预测精度等级。

一级；从相对误差和小误差概率指标来看，碳排放量预测精度为二级。

（2）人均 GDP。从绝对关联度、均方差比值和小误差概率指标来看，人均 GDP 预测精度为一级；从相对误差指标来看，人均 GDP 预测精度为二级。

（3）城镇人口比重。从绝对关联度、均方差比值和小误差概率指标来看，城镇人口比重预测精度为一级；从相对误差指标来看，城镇人口比重预测精度为二级。

（4）单位 GDP 能耗。从相对误差和绝对关联度指标来看，单位 GDP 能耗预测精度为一级；从均方差比值和小误差概率指标来看，单位 GDP 能耗预测精度为二级。

（5）第二产业比重。从绝对关联度指标来看，第二产业比重预测精度为一级；从相对误差、均方差比值和小误差概率指标来看，第二产业比重预测精度为二级。

（6）能源技术相关专利数。从绝对关联度、相对误差、均方差比值和小误差概率指标来看，能源技术相关专利数预测精度为一级。

由前面研究分析可得，本章对于碳排放量、人均 GDP、城镇化率、能源强度、产业结构以及研发产出变量的灰色预测，从相对误差、绝对关联度、均方差比值和小误差概率四个检验指标来看，均满足预测模型精度一级或者二级的要求，表明这六个变量的灰色预测结果精度较高，与实际值的误差较小，具有一定的参考和借鉴意义。

8.2.4.8 灰色预测结论

第一，通过灰色预测，2016~2022 年预测变量的增速表现为：能源技术相关专利数平均增长速度最快，达到了 22.40%；其次是人均 GDP，平均增长速度为 10.73%；再次是城镇人口比重，平均增长速度为 6.2%；碳排放量的平均增长速度分别为 5.76%，第二产业比重的平均增长水平为 1.33 个百分点；唯一有下降趋势的变量是单位 GDP 能耗，但其平均下降速度仅为 0.076%。未来年间经济发展依然会带来河北省碳排放量的增加，但经济增长速度高于碳排放量的增长速度，说明河北省经济发展与碳排放的关系表现为弱解耦。因此，调整经济依赖能源消耗的发展模式、降低能源强度、加大研发产出是河北省降低碳排放量的重要途径，具有重要的现实意义。

第二，2016～2022 年预测变量的总量表现为：碳排放量到 2022 年预计可以达到 34987.16 万吨，为 2015 年碳排放量的 1.48 倍；人均 GDP 到 2022 年预计可以达到 58860.30 元/人，为 2015 年实际人均 GDP 的 2.04 倍；对于城镇化率，到 2022 年预计达到 78.18%，为 2015 年城镇化率的 1.52 倍；到 2022 年河北省能源强度预测将会下降至 1.09844 吨标准煤/万元，为 2015 年能源强度实际值的 0.995 倍；第二产业比重到 2022 年预计达到 57.56%，为 2015 年第二产业比重的 1.19 倍；能源技术相关专利数到 2022 年预计达到 22267 件，为 2015 年能源技术相关专利数的 4.12 倍。

第三，从变量的预测精度来看，碳排放量、人均 GDP、城镇化率、能源强度、第二产业比重以及能源技术相关专利数六个变量在相对误差、绝对关联度、均方差比值以及小误差概率四个检验指标上均达到了二级及以上水平，尤其是能源技术相关专利数的预测精度四个检验指标均达到了一级，这表明变量的灰色预测精度比较高，灰色预测模型有效。

8.3
河北省碳排放与经济增长整体及部门解耦分析

8.3.1 河北省部门碳排放分析

在河北省产生碳排放的七大部门中，农业、工业、建筑业、交通运输业、批发零售业和其他服务业是主要的经济部门，其中农业部门包括农业、林业、畜牧业、渔业和水利业；工业部门包括采矿业、制造业及电力热力水生产和供应业；建筑业是指从事土木工程、房屋建筑以及设备安装和装饰的部门；交通运输业包括交通运输、仓储和邮政业，主要从事货物和旅客运输活动；批发零售业包括批发零售和住宿餐饮业；其他服务业包括金融服务、房地产等其他所有行业。生活消费部门是产生碳排放的唯一非经济部门，包括与居民日常活动相关的家庭能源消费[287]。

自1995年以来，河北省工业化和城镇化发展迅速，伴随着能源需求与碳排放量的持续上升。从图8.31可以看出，河北省GDP由1995年的2850亿元上升到2015年的21386.3亿元，增长了6.5倍。六大经济部门均有不同程度的增长，其中占GDP比重最大的是工业部门，由1995年的40.4%增长到2015年的51.5%；其次是其他服务业，所占比重增长了2.13%；批发零售业比重由1995年的9.18%下降至2007年的7.83%，然后在2015年回升到9.22%；交通运输业比重较小，2015年为8.74%，小幅上升了2.44%。相比之下，农业比重显著下降，由1995年的22.2%下降至7.5%，建筑业所占比重由6%小幅下降至5%。

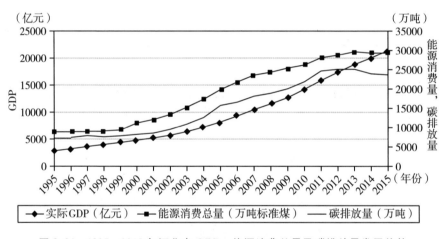

图8.31　1995～2015年河北省GDP、能源消费总量及碳排放量发展趋势

经济的快速发展使河北省能源消费总量由1995年的8892.41万吨标准煤上升到2015年的29395.36万吨标准煤，增加了2.3倍。其中煤炭消费量占主导地位，所占比重由1995年的90.33%降至2015年的86.55%；其次是石油消费量，所占比重由1995年的8.54%波动下降至2015年的7.99%；天然气消费比重增长了2.36%，但与煤炭和石油相比还低很多；其他能源（包括一次电力、核能等）消费量所占比重最小，由1995年的0.19%上升至2015年的2.17%，增长了1.98%。从各部门来看，研究期内七个部门能源消费量都有所增长（见图8.32），其中工业是最大的能源消耗部门，在能源消耗总量中所占比重保持在

75%~81%，其次是生活消费，比重为 9%~12%，建筑业的能源消费量最小，基本维持在 1% 左右。同时，从各部门的能源消费增长速度来看，其他服务业的年均增长率最大，达到了 8.56%，农业的年均增长速度最慢，仅为 1.88%。

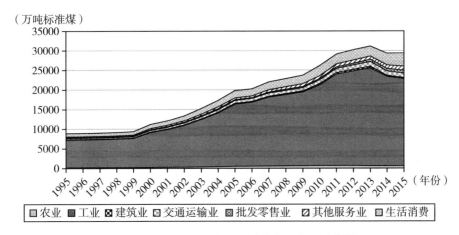

图 8.32　1995~2015 年河北省各部门能源消费量

从图 8.31 中可以看出，1995~2001 年河北省碳排放量增长速度较慢，2002 年开始速度明显加快，2013 年达到顶峰，碳排放量为 25115.85 万吨，与 1995 年相比增加了 2.47 倍。2014~2015 年河北省碳排放量呈现下降趋势，这是河北省实行低碳政策的结果。图 8.33 和图 8.34 显示了研究期内河北省各部门碳排放量变化趋势，其中工业部门的碳排放量在碳排放总量中所占比重最大，由 1995 年

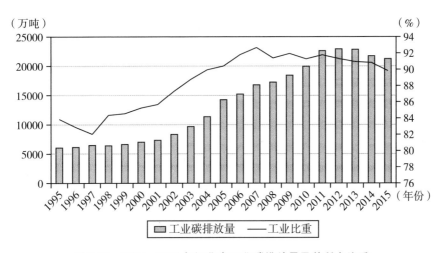

图 8.33　1995~2015 年河北省工业碳排放量及其所占比重

的 83.87% 波动增长至 2015 年的 89.82%；其次是生活消费部门，碳排放量增长了 55.9%，年均增长率最小（2.25%）；交通运输业碳排放量为第三位，增长了 299.7%；其他服务业和农业的碳排放量分别增长了 159% 和 157.47%；批发零售业碳排放量由 1995 年的 27.62 万吨增长至 2015 年的 135.1 万吨，增长了 389.15%，年均增长速度最快，达到了 8.26%；建筑业碳排放量最少，研究期内增长了 277.1%。

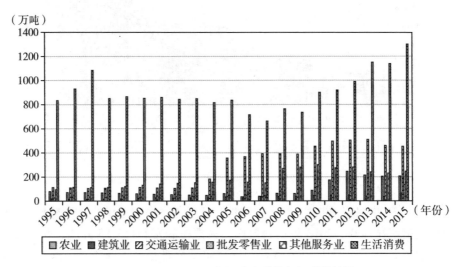

图 8.34　1995～2015 年河北省其他部门碳排放量

8.3.2　河北省碳排放与经济增长的解耦状态分析

8.3.2.1　整体解耦状态分析

由于解耦状态与开始时间点及结束时间点的选择有很大关系，因此选择一个合适的基期与时间划分的边界点是非常重要的。根据式（5.25）以及 5.3.1 小节对解耦指数与解耦状态的描述，本节对河北省研究期内的每一年均进行解耦分析，并观察各年解耦状态的变化趋势，然后根据整体趋势将其分为不同的发展阶段。

图 8.35 显示了 1995～2015 年河北省每一年的解耦状态，包括强解耦、弱解耦、扩张耦合和扩张负解耦。但这些解耦状态并不是连续出现的，大多数年份河北省碳排放与经济增长处于弱解耦状态。从整个时期来看，1995～2015 年河北省碳排放与经济增长的解耦指数为 0.35，处于弱解耦状态。根据图 8.35 显示的解耦关系的周期性特征，将整个时期的解耦状态划分为四个不同的阶段：弱解耦阶段

（1995～2001 年），扩张负解耦阶段（2001～2005 年），弱解耦阶段（2005～2013年）和强解耦阶段（2013～2015 年）。每个阶段都包含相同的解耦状态，而不连续的强解耦被合并到弱解耦，不连续的扩张耦合被合并到扩张负解耦或弱解耦。

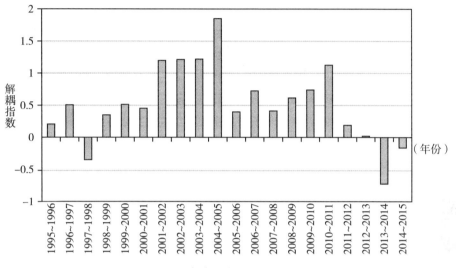

图 8.35　河北省碳排放与经济增长解耦关系

在第一阶段（1995～2001 年），国内外局势的变化使河北省碳排放与经济增长处于弱解耦状态。这一阶段，中国已经进入全面改革开放时期，工业化和城镇化发展迅速，河北省紧跟全国的发展步伐，GDP 以年均 10.65% 的增长率快速发展，能源消费量与碳排放量也随之增加，年均增长速度分别为 5.29% 和 2.85%，使河北省碳排放与经济增长处于弱解耦状态。这一阶段可以分为三个时期：1995～1997 年，河北省 GDP 年均增长率为 13%，能源消费量以及碳排放量平均增长率分别为 0.79% 和 4.55%，出现了碳排放与经济增长的弱解耦状态；1997～1998 年，河北省 GDP 增长速度为 10.7%，碳排放量却下降了 3.73%，出现了强解耦，这是因为，1997 年亚洲金融危机、1998 年大洪水对河北省经济发展和能源使用产生了一定的影响，同时一批能耗高、污染大的企业被关闭，再加上 1998 年《中华人民共和国节约能源法》的实施，使河北省能源结构得到优化，煤炭消费量占能源消费总量的比重下降了 0.67%，能源利用效率有所提高，能源强度下降了 0.21 吨标准煤/万元，这些都促使河北省碳排放与经济增长达到了强解耦；1998～2001 年，河北省依旧受经济危机的影响，经济保持低速发展，GDP 年均增长率为 9.1%。为了使经济复苏，河北省加大重工业生产力度，钢铁、水泥等基础材料的生产发展较快，但在工业生产过程中没有严格执行节能措施，使碳排放量逐年上涨，年均增长率达到 4%，河北省碳排放与经济增长回到了弱解耦状态。

在第二阶段（2001~2005 年），受世界经济回暖和中国加入世贸组织（WTO）的影响，河北省经济逐渐复苏，GDP 年均增长率达到 11.88%。这一阶段，河北省更多的是将重点放在繁荣经济而不是提高能源效率和保护环境上，因此工业生产规模进一步扩张，导致了更多的能源需求（年均增长率 13.12%）以及碳排放量（年均增长率 16.44%），使碳排放量增长率大于 GDP 增长率，从而造成了河北省碳排放与经济增长的扩张负解耦状态。

在第三阶段（2005~2013 年），中国开始大力实施节能减排政策，提出到2010 年单位国民生产总值能耗比 2005 年降低 20% 左右的目标，河北省也在"十一五"规划纲要中明确了这一目标。2009 年，中国又提出"到 2020 年单位 GDP二氧化碳排放量比 2005 年下降 40%~45%"。而且，中国在 2010 年和 2012 年两次发布《关于开展低碳省区和低碳城市试点工作的通知》，将河北省的保定市、石家庄市和秦皇岛市纳入低碳试点城市的范围当中，因此，河北省在履行优化产业结构、降低能耗等低碳政策的基础上，将 GDP 的年均增长率控制在 10.9%，能源消费量以及碳排放量增长速度明显放缓，年均增长率分别为 5.2% 和 6%，使河北省 GDP 与碳排放重现了弱解耦状态。

在第四阶段（2013~2015 年），河北省经济发展增速变缓，GDP 年均增长率为 6.65%，而能源消费量以及碳排放量以年均 0.91% 和 0.29% 的速度下降，使河北省碳排放与经济增长发生了强解耦。2013 年中国进入全面深化改革新时期，国务院发布了《能源发展"十二五"规划》，要求更加重视环保，进一步挤压化石能源尤其是煤炭的发展空间，并提出实施能源消费强度和消费总量双控制的能源发展目标。河北省也加快了能源结构调整步伐，在 2015 年全省能源消费总量中，煤炭所占比重比 2013 年下降了 2.14 个百分点，天然气比重上升了 1.07 个百分点。再加上中国低碳试点政策的实施，使河北省碳排放与经济增长出现了强解耦状态。

虽然河北省在 2013~2015 年实现了强解耦，但碳排放量下降幅度较小，2015 年能源消费量更有反弹的趋势，因此如何保持并进一步推进低碳化经济发展使其完全摆脱碳排放的束缚是今后河北省低碳工作努力的方向。

8.3.2.2　部门解耦状态分析

表 8.13 显示了各部门在各个阶段的解耦关系。农业和交通运输业的解耦状态发展趋势相似，从强解耦到弱解耦或扩张负解耦，最后又回到强解耦。工业的

解耦关系发展趋势由弱解耦到扩张负解耦，最后实现强解耦。建筑业解耦趋势由弱解耦发展到扩张负解耦。批发零售业解耦趋势是由弱解耦到扩张耦合，再回到弱解耦。其他服务业则一直处于弱解耦状态。在这六个经济部门中，工业的解耦发展趋势与河北省整体的解耦趋势相同，这表明工业在河北省经济部门中具有举足轻重的地位，工业解耦趋势对整个河北省解耦趋势起了决定性作用。从整个时期（1995～2015 年）来看，除了农业为扩张耦合之外，其余部门均为弱解耦状态。

表 8.13 各部门碳排放与经济增长解耦状态

时间段	农业	工业	建筑业	交通运输业	批发零售业	其他服务业
1995～2001	强解耦	弱解耦	弱解耦	强解耦	弱解耦	弱解耦
2001～2005	弱解耦	扩张负解耦	弱解耦	扩张负解耦	扩张耦合	弱解耦
2005～2013	扩张负解耦	弱解耦	弱解耦	弱解耦	扩张耦合	弱解耦
2013～2015	强解耦	强解耦	扩张负解耦	强解耦	弱解耦	弱解耦
1995～2015	扩张耦合	弱解耦	弱解耦	弱解耦	弱解耦	弱解耦

8.3.3　河北省碳排放与经济增长的解耦驱动要素分析

8.3.3.1　整体因素分解结果

根据 5.2.1 小节的区域扩展解耦模型，对河北省整体解耦驱动要素进行分析。图 8.36 显示了各阶段河北省碳排放与经济增长解耦的因素分解结果。除了2001～2005 年之外，能源强度（1）是促进河北省碳排放与经济增长解耦的最主要驱动因素。1995～2015 年，河北省实际能源强度由 3.12 吨标准煤/万元下降至 1.37 吨标准煤/万元，年均下降率为 4.03%，有效地抑制了碳排放量的增长。

经济水平（Q）是各时期抑制解耦的最主要驱动因素。1995～2015 年，河北省实际 GDP 快速增长了 650.4%，导致了更多的碳排放。除了 2013～2015 年外，产业结构（S）也是解耦的主要负面驱动要素。工业部门是碳排放的主要来源部门，2013～2015 年工业增加值在 GDP 中所占比重由 53.49% 降低为 51.5%，抑制了碳排放量的增加，对解耦起促进作用。1995～2015 年，工业增加值在GDP 中所占比重增加了 11.13%，促进了碳排放量的增加，交通运输业、批发零售业和其他服务业增加值在 GDP 中所占比重分别增加了 2.44%、0.038% 和

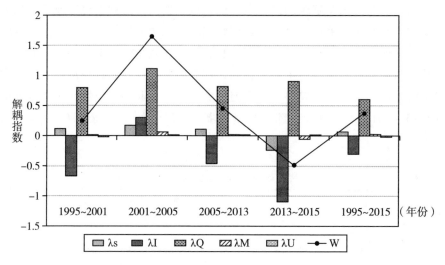

图 8.36　各时期河北省整体因素分解结果

2.13%，只有农业和建筑业增加值在 GDP 中所占比重减少了 14.7% 和 1.04%，但是由于农业和建筑业本身产生的碳排放量较少，因此其比重下降所引起的碳排放量减少会被其他部门增加的碳排放量所抵消。

除了 2013~2015 年外，能源结构（M）对解耦产生了抑制作用，但抑制作用较小。河北省长期以来都以煤炭消费为主，而煤炭是产生碳排放的最主要来源，虽然天然气等清洁能源消费比重正在逐渐扩大，但煤炭一直处于主导地位。1995~2015 年煤炭消费比重均在 86% 以上，总体上能源结构优化不明显，抑制了河北省经济的解耦。但在 2013~2015 年，低碳政策的实施使河北省能源结构优化效果显著，煤炭消费比重降低了 2.14%，天然气消费比重上升了 1.07%，使能源结构（M）成为解耦的正向驱动要素。能源排放系数（U）对河北省碳排放与经济增长解耦影响最小，1995~2001 年和 1995~2015 年促进了解耦，其他时期抑制了解耦。

从各阶段解耦状态以及各要素对解耦的作用来看，1995~2015 年和 1995~2001 年情况相同，与 2005~2013 年情况类似。由此可以推断，河北省在 1995~2001 年和 2005~2013 年的政策实施决定了 1995~2015 年的整体节能减排效果和要素作用。

8.3.3.2　部门因素分解结果

根据 5.2.1 小节的区域扩展解耦模型，对河北省各部门解耦驱动要素进行分析。

（1）农业部门因素分解结果。

图 8.37 显示了农业部门碳排放与经济增长解耦的因素分解结果。经济水平（Q）在各时期对解耦均起抑制作用，1995～2015 年农业增加值上涨了152.54%，促进了碳排放，抑制了解耦。产业结构（S）对各时期解耦均起正面促进作用，1995～2015 年农业增加值占 GDP 比重由 22.15% 下降到 7.46%，使产业结构（S）成为解耦的最主要驱动因素。

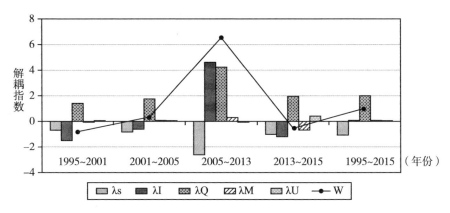

图 8.37 各时期农业部门因素分解结果

能源强度（I）在 2005～2013 年和 1995～2015 年抑制了解耦，其他时期促进了解耦。1995～2015 年，农业能源强度上升了 2.54%，对解耦产生了较小的抑制作用，这也是 2005～2013 年农业能源强度大幅升高的结果。2008 年十七届三中全会首次提出建设资源节约型、环境友好型农业，"十二五"期间河北省大力发展生态农业，鼓励回收利用农作物废料和秸秆，使粗放型占据主导地位的农业增长模式得到缓解[288]，在一定程度上提高了能源利用效率，致使 2013～2015 年农业能源强度下降了 7.68%，成为促进解耦的最主要因素。

1995～2001 年和 2013～2015 年，能源结构（M）促进了解耦，这是煤炭消费比重下降、天然气消费比重上升的结果。1995～2015 年，煤炭消费比重在上升了 4.58% 的同时没有实现清洁高效利用，致使能源结构（M）和能源排放系数（U）对解耦产生了较小的抑制作用。

"十二五"以来，基于生物质产业的能源农业开始发展起来，能源农业主要是指以开发生物质能为目的的种植业，它是通过能源型绿色植物的光合作用固定太阳能，将其转变为有机能储存在农作物体内，在一定的技术条件下，再转换为人类能够直接利用的能源的农业生产活动。在能源农业生产过程中，二氧化碳被固定在能源农作物中，在利用过程中将这些二氧化碳释放，因此过程中并没有增加大气中的二氧化碳排放量[289]。而有机秸秆等农业产品也可以用来产生可再生能源，这些都说明在农业部门中能源是可以被循环利用的，这样可以降低农业的能源强度，有利于农业部门的解耦[290]。

（2）工业部门因素分解结果。

在河北省各部门中，工业部门的碳排放量最大，对解耦的影响也最大。图 8.38 显示了工业部门碳排放与经济增长解耦的因素分解结果。从图中可以很明显地看出，能源强度（I）和经济水平（Q）是各时期影响河北省工业部门解耦的最主要驱动因素。经济水平分指数在各时期均为正值，1995～2015 年，工业 GDP 年均增长率为 11.96%，是抑制解耦的最主要因素。除了 2001～2005 年外，能源强度分指数均为负值，是促进解耦的最主要因素，这说明能源利用效率的提高是工业碳排放与经济增长解耦的主要方式。

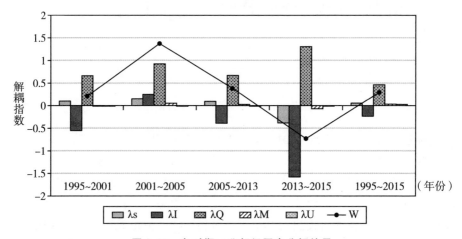

图 8.38　各时期工业部门因素分解结果

"十一五"期间，河北省大力倡导节能减排，经济发展模式得到创新，经济结构调整取得了新进展，钢铁、装备制造等传统产业改造升级步伐加快，战略性新兴产业快速发展，现代服务业不断壮大。"十二五"时期，河北省产业结构深度调整，大力实施"6643"工程，化解过剩产能，累计压减炼铁产能 3391 万吨、炼钢 4106 万吨、水泥 6231 万吨、煤炭 2700 万吨，发展方式转变明显加快，2005～2013 年和 2013～2015 年，工业能源强度（I）分别下降了 38.25% 和 14.43%，使工业碳排放与经济增长的解耦状态由 2001～2005 年的扩张负解耦发展为弱解耦，并最终实现了强解耦。值得注意的是，2001～2005 年，除了能源排放系数要素外，其他要素均对解耦起负面作用，而且能源强度（I）要素显著地抑制了解耦，这可能是因为金融危机后河北省工业尤其是制造业发展迅速，消耗了大量的能源，能源强度增加了 12.71%，导致这一时期能源强度（I）成为仅次于经济水平（Q）的第二大解耦负面驱动要素。

除了 2013～2015 年外，产业结构（S）均对解耦起抑制作用。"十二五"期间河北省产业结构调整成效显著，与 2013 年相比，2015 年工业增加值在 GDP 中所占比重下降了 1.99%，对解耦起促进作用。但从整个时期（1995～2015 年）来看，工业对 GDP 的贡献仍处于上升趋势，成为解耦的障碍。

能源结构（M）和能源排放系数（U）对解耦的影响效应在各分时期处于波动状态，但在 1995～2015 年对解耦均有轻微的抑制作用。河北省能源消费以煤炭为主，而工业是最大的煤炭消费部门，与 1995 年相比，2015 年工业部门煤炭消费量在工业能源消费总量中所占比重增加了 1.85%，而风能、太阳能、生物质能等清洁能源并没有被广泛使用。虽然可再生能源消费总量在工业能源消费总量中所占比重由 1995 年的 1.13% 上升到 2015 年的 5.47%，但煤炭比重升高所增加的碳排放量会将其减少的碳排放量抵消，导致工业的能源排放系数（U）增加了 1.2%，因而整体上能源结构（M）和能源排放系数（U）的变化阻碍了工业部门的解耦。

自 1995 年以来，中国关闭了大量低效率、高污染的工厂。河北省有许多钢铁、水泥、电力和玻璃等污染企业，使河北省空气污染严重，生态环境较差。2013～2015 年河北省关停取缔重污染企业将近一万家，同时增加了研究与发展经费，加快了低碳技术的发展，从而提高了工业部门的能源效率，促进了工业部门的解耦。

（3）建筑业因素分解结果。

从图 8.39 可以看出，除了 2013～2015 年外，能源强度（I）是促进建筑行业解耦的最主要驱动因素。1995～2015 年，建筑行业节能技术的应用促使了能源利用效率的提高，使建筑部门的能源强度（I）降低了 27.06%，对解耦起主要促进作用。2013～2015 年，河北省加强基础设施和公共服务设施的建设，能源消费量增加了 79.68%，导致能源强度增加了 57.56%，对解耦产生了较大的抑制作用。

1995～2015 年，产业结构（S）和能源结构（M）也是建筑部门解耦的正面驱动因素。除了 2001～2005 年和 2013～2015 年外，产业结构（S）分指数均为负值。1995～2015 年，建筑业增加值在 GDP 中所占比重下降了 1.04%，这一变化对建筑部门的解耦起到了一定的促进作用。除了 2001～2005 年外，能源结构（M）也是促进建筑部门解耦的重要驱动因素，这是建筑业能源结构优化的结果。

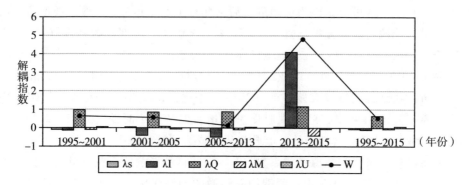

图 8.39 各时期建筑业因素分解结果

1995～2015 年，建筑部门煤炭消费比重下降了 56.55%，天然气消费比重上升了 13.04%，虽然石油比重有所升高，但从总体上能源结构得到了一定的优化，加速了建筑业的弱解耦。

经济水平（Q）和能源排放系数（U）是抑制建筑业解耦的两大驱动要素。1995～2015 年，建筑业增加值增长了 520.89%，成为解耦的最主要障碍；而能源排放系数（U）上升了 2.11%，对解耦产生了较小的抑制作用，说明清洁能源还没有在建筑行业中得到广泛使用。

（4）交通运输业因素分解结果。

图 8.40 显示了交通运输部门碳排放与经济增长解耦的因素分解结果。除了 2001～2005 年外，能源强度（I）分指数均为负值，是促进交通运输业解耦的最主要驱动因素。1995～2015 年，交通运输业的能源强度（I）下降了 59.68%，

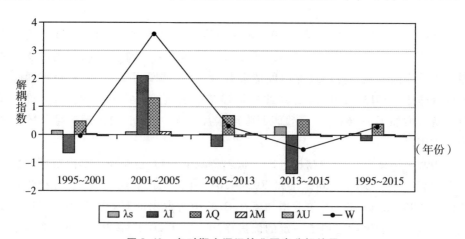

图 8.40 各时期交通运输业因素分解结果

这是由于"十二五"期间，河北省减少了高耗能产业的投入，增加了燃料电池发电等低碳技术应用的原因。为了进一步减少交通运输业的能源消费量，政府应该加大地铁、轻轨等公共交通的发展，对纯电力或混合动力电力汽车等相关交通运输工具给予适当的补贴，鼓励共享单车等绿色出行方式。除了 2005~2013 年外，能源排放系数（U）均对解耦有较小的促进作用。1995~2015 年，交通运输业中煤炭消费比重降低了 18.92%，天然气比重上升了 5.7%，由农业加工剩余物及城市废弃物转化的生物质液体燃料等清洁能源逐渐发展起来，成为柴油、重油等不可再生能源的替代燃料，使总体上能源排放系数（U）降低了 1.07%，轻微地促进了交通运输部门的解耦。

经济水平（Q）依然是各时期抑制解耦的最主要驱动因素。1995~2015 年，交通运输业增加值年均增长率为 12.43%，在 GDP 中所占比重总体呈上升态势，使产业结构（S）在各时期对解耦产生了一定的抑制作用。除了 2005~2013 年外，能源结构（M）轻微地抑制了解耦。在交通运输业中，石油是主要的能源消耗产品，在能源消费总量中所占比重由 1995 年的 77.62% 上升到 2015 年的 90.83%。为了降低交通运输部门的碳排放量，需要开发及应用低碳清洁型能源来替代石油燃料，例如，燃料乙醇和生物柴油等生物燃料，均是可再生能源开发和利用的重要方向。但是，对于河北省乃至中国来说，清洁型生物燃料的生产有限，使用尚处于初级阶段，在未来一段时间内石油仍是河北省交通运输部门的主要能源消费品种，因此能源结构还需要进一步优化。

（5）批发零售业因素分解结果。

图 8.41 显示，经济水平（Q）是各时期影响批发零售业解耦的最主要负面驱动因素。1995~2015 年，能源排放系数（U）上升了 17.51%，对解耦产生了

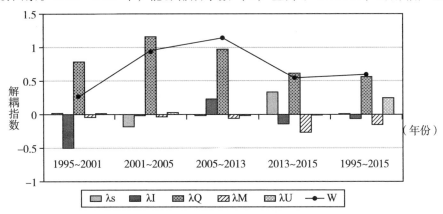

图 8.41 各时期批发零售业部门因素分解结果

较大的抑制作用，说明批发零售业的燃料质量下降。产业结构（S）要素呈现波动式变化，1995~2015 年，批发零售业增加值在 GDP 中所占比重增加了 0.038%，抑制了解耦，但在各要素中影响效应最小。

能源结构（M）在各时期均促进了解耦。1995~2015 年，批发零售业的能源结构得到优化，煤炭消费比重下降了 40.98%，天然气消费比重上升了 42.08%，使能源结构（M）成为促进批发零售业解耦的最主要驱动因素。除了 2005~2013 年外，能源强度（I）也是影响批发零售业解耦的正面驱动要素。1995~2015 年，能源强度（I）下降了 20.19%，说明批发零售业的能源利用效率有了较大提高，对解耦产生了一定的促进作用。

（6）其他服务业因素分解结果。

图 8.42 显示了包括金融业、房地产业等其他服务业的因素分解结果。经济水平（Q）仍然是各时期抑制解耦的最主要驱动因素。除了 2005~2013 年外，产业结构（S）的变化均抑制了其他服务业的解耦。在国家政策的支持下，1995~2015 年，GDP 中其他服务业增加值比重增加了 2.13%，但与其他各要素相比，产业结构（S）要素对解耦的影响效应较小，因此河北省需要进一步促进其他服务业的发展。能源结构（M）在 1995~2001 年和 1995~2015 年是影响其他服务业解耦的负面驱动因素。1995~2015 年，其他服务业的石油消费比重上升了 27.24%，在很大程度上抑制了解耦，因此其他服务业的能源结构需要进一步优化。

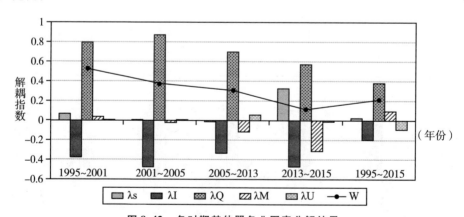

图 8.42　各时期其他服务业因素分解结果

能源强度（I）是各时期促进其他服务业解耦的最主要驱动因素。1995~2015 年，新能源照明和加热系统以及电器等与服务业相关的能源设备利用效率大幅提高，使其他服务业的能源强度（I）下降了 64.50%，对解耦起了显著的促进作用。同时，由于其他服务业的燃料质量日益改善，使能源排放系数（U）在2013～2015年和1995～2015年分别下降了5.91%和11.23%，成为促进其他服务业解耦的第二大正面驱动要素。

8.3.3.3　部门要素对解耦的贡献

根据5.2.2小节的考虑部门因素的区域扩展解耦模型，对河北省解耦的部门贡献进行分析。表8.14显示了各时期从部门要素角度河北省碳排放与经济增长解耦的因素分解结果以及各解耦分指数对解耦总指数的贡献率，反映了各部门要素对解耦的影响效应。图8.43显示了1995～2015年河北省解耦的部门贡献率。其中，对各时期河北省解耦影响最大的是工业部门。除了2001～2005年外，工业部门的能源强度（I）分指数均为负值。在所有的部门要素中，工业部门的能源强度（I）对1995～2015年河北省实现弱解耦贡献最大，工业部门的能源排放系数（U）对解耦的促进作用贡献最小，而影响河北省解耦的负面作用绝大部分来源于工业部门的经济水平（Q）和产业结构（S）。

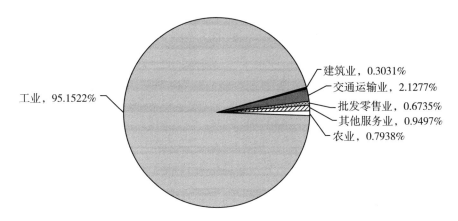

图8.43　1995～2015年河北省碳排放与经济增长解耦的部门贡献率

其他部门对河北省解耦的贡献较小，影响效应由大到小依次为交通运输业、其他服务业、农业、批发零售业、建筑业。在交通运输业中，能源强度（I）和能源排放系数（U）是河北省实现弱解耦的主要贡献者（1995～2015年），而且能源强度（I）的贡献率大于能源排放系数（U）。除了2005～2013年外，交通运输业的能源结构（M）和产业结构（S）均抑制了解耦。1995～2015年，其他服务业的能源强度（I）和能源排放系数（U）对河北省解耦起正面促进作用，而且能源强度（I）的贡献率大于能源排放系数（U），同时在能源排放系数（U）

表 8.14　各时期部门要素对河北省解耦影响的因素分解结果

时期	解耦分指数	λ_S	及其贡献率	λ_I	及其贡献率	λ_Q	及其贡献率
1995~2001	农业	-0.0038	-1.5448%	-0.0082	-3.3459%	0.0077	3.1529%
	工业	0.1141	46.7450%	-0.6347	-260.0664%	0.7587	310.8768%
	建筑业	-0.0002	-0.0928%	-0.0003	-0.1367%	0.0023	0.9514%
	交通运输业	0.0037	1.5363%	-0.0167	-6.8367%	0.0123	5.0446%
	批发零售业	3.68E-05	0.0151%	-0.0022	-0.8953%	0.0034	1.4076%
	其他服务业	0.0011	0.4626%	-0.0062	-2.5604%	0.0132	5.4103%
	所有部门	0.1150	47.1213%	-0.6683	-273.8413%	0.7976	326.8437%
2001~2005	农业	-0.0029	-0.1750%	-0.0021	-0.1288%	0.0061	0.3709%
	工业	0.1723	10.4487%	0.2832	17.1735%	1.0630	64.4610%
	建筑业	0.0002	0.0101%	-0.0015	-0.0881%	0.0030	0.1845%
	交通运输业	0.0016	0.0966%	0.0328	1.9880%	0.0204	1.2350%
	批发零售业	-0.0006	-0.0394%	-6.2E-05	-0.0038%	0.0041	0.2507%
	其他服务业	3.84E-05	0.0023%	-0.0088	-0.5320%	0.0161	0.9754%
	所有部门	0.1706	10.3435%	0.3036	18.4088%	1.1128	67.4775%
2005~2013	农业	-0.0032	-0.6735%	0.0056	1.1888%	0.0051	1.0904%
	工业	0.1104	23.5774%	-0.4538	-96.9011%	0.7818	166.9204%
	建筑业	-0.0003	-0.0611%	-0.0009	-0.1820%	0.0015	0.3225%
	交通运输业	0.0008	0.1700%	-0.0104	-2.2123%	0.0176	3.7620%
	批发零售业	-7.3E-06	-0.0016%	0.0008	0.1605%	0.0032	0.6770%
	其他服务业	-6.9E-06	-0.0015%	-0.0039	-0.8238%	0.0081	1.7212%
	所有部门	0.1078	23.0097%	-0.4626	-98.7699%	0.8173	174.4934%

续表

时期	解耦分指数	λ_S 及其贡献率		λ_I 及其贡献率		λ_Q 及其贡献率	
2013~2015	农业	-0.0042	0.8654%	-0.0050	1.0352%	0.0081	-1.6690%
	工业	-0.2533	52.0860%	-1.0425	214.3882%	0.8612	-177.0931%
	建筑业	3.94E-05	-0.0081%	0.0069	-1.4099%	0.0019	-0.3993%
	交通运输业	0.0102	-2.0963%	-0.0466	9.5764%	0.0188	-3.8573%
	批发零售业	0.0027	-0.5541%	-0.0011	0.2325%	0.0050	-1.0196%
	其他服务业	0.0053	-1.0934%	-0.0077	1.5827%	0.0094	-1.9248%
	所有部门	-0.2392	49.1994%	-1.0961	225.4052%	0.9043	-185.9631%
1995~2015	农业	-0.0032	-0.8323%	7.34E-05	0.0192%	0.0059	1.5402%
	工业	0.0699	18.2552%	-0.2947	-76.9446%	0.5786	151.0881%
	建筑业	-0.0001	-0.0347%	-0.0002	-0.0578%	0.0014	0.3695%
	交通运输业	0.0017	0.4419%	-0.0047	-1.2256%	0.0104	2.7190%
	批发零售业	4.93E-06	0.0013%	-0.0003	-0.0711%	0.0024	0.6353%
	其他服务业	0.0004	0.1064%	-0.0034	-0.8783%	0.0065	1.7092%
	所有部门	0.0687	17.9378%	-0.3031	-79.1582%	0.6053	158.0613%

时期	解耦分指数	λ_M 及其贡献率		λ_U 及其贡献率		W 及其贡献率	
1995~2001	农业	-0.0002	-0.0709%	4.66E-05	0.0191%	-0.0044	-1.7896%
	工业	-0.0003	-0.1386%	-3.6E-07	-0.0001%	0.2377	97.4167%
	建筑业	-0.0002	-0.0968%	4.92E-07	0.0002%	0.0015	0.6252%
	交通运输业	0.0008	0.3464%	-0.0010	-0.4029%	-0.0008	-0.3123%
	批发零售业	-0.0002	-0.0751%	6.49E-05	0.0266%	0.0012	0.4789%
	其他服务业	0.0006	0.2530%	3.81E-05	0.0156%	0.0087	3.5811%
	所有部门	0.0005	0.2179%	-0.0008	-0.3415%	0.2440	100.0000%

续表

时期	解耦分指数	λ_M 及其贡献率		λ_U 及其贡献率		W 及其贡献率	
2001~2005	农业	7.62E-05	0.0046%	1.16E-05	0.0007%	0.0012	0.0725%
	工业	0.0604	3.6655%	-5.3E-08	-0.00000323%	1.5790	95.7487%
	建筑业	0.0003	0.0166%	1.00E-10	0.00000001%	0.0020	0.1231%
	交通运输业	0.0018	0.1086%	-2.3E-10	-0.00000001%	0.0565	3.4282%
	批发零售业	-0.0001	-0.0074%	0.0001	0.0063%	0.0034	0.2065%
	其他服务业	-0.0004	-0.0247%	7.43E-10	0.00000005%	0.0069	0.4211%
	所有部门	0.0621	3.7632%	0.0001	0.0070%	1.6491	100.0000%
2005~2013	农业	0.0004	0.0769%	-1.7E-06	-0.0004%	0.0079	1.6822%
	工业	0.0067	1.4230%	2.27E-08	0.0000485%	0.4450	95.0196%
	建筑业	-0.0002	-0.0341%	2.95E-05	0.0063%	0.0002	0.0516%
	交通运输业	-0.0014	-0.3063%	0.0013	0.2834%	0.0079	1.6967%
	批发零售业	-0.0002	-0.0396%	-6.5E-06	-0.0014%	0.0037	0.7949%
	其他服务业	-0.0013	-0.2822%	0.0007	0.1412%	0.0035	0.7549%
	所有部门	0.0039	0.8377%	0.0020	0.4291%	0.4684	100.0000%
2013~2015	农业	-0.0028	0.5783%	0.0017	-0.3525%	-0.0022	0.4574%
	工业	-0.0465	9.5540%	-1.1E-08	0.00000236%	-0.4811	98.9351%
	建筑业	-0.0007	0.1461%	-3E-05	0.0062%	0.0081	-1.6649%
	交通运输业	0.0003	-0.0658%	1.44E-17	-0.00000000000000003%	-0.0173	3.5570%
	批发零售业	-0.00214	0.4395%	1.65E-17	-0.00000000000000003%	0.0044	-0.9017%
	其他服务业	-0.0051	1.0527%	-2.3E-17	0.00000000000000005%	0.0019	-0.3829%
	所有部门	-0.0569	11.7048%	0.0017	-0.3463%	-0.4863	100.0000%

续表

时期	解耦分指数	λ_M 及其贡献率		λ_U 及其贡献率		W 及其贡献率	
1995~2015	农业	7.76E-05	0.0203%	0.0002	0.0463%	0.0030	0.7938%
	工业	0.0105	2.7536%	-8.3E-08	-0.00002167%	0.3644	95.1522%
	建筑业	-5.8E-05	-0.0152%	0.0002	0.0414%	0.0012	0.3031%
	交通运输业	0.0009	0.2226%	-0.0001	-0.0303%	0.0081	2.1277%
	批发零售业	-0.0007	-0.1717%	0.0011	0.2798%	0.0026	0.6735%
	其他服务业	0.0016	0.4247%	-0.0016	-0.4124%	0.0036	0.9497%
	所有部门	0.0124	3.2343%	-0.0003	-0.0753%	0.3829	100.0000%

要素中，其他服务业的贡献最大。在农业部门中，产业结构（S）是促进解耦的唯一贡献者（1995~2015年），除了2005~2013年外，能源排放系数（U）均对解耦产生了抑制作用。对于批发零售业而言，除了2005~2013年外，能源强度（I）均促进了解耦，而能源排放系数（U）的影响效应恰好与其相反。能源结构（M）在各时期均为负值，1995~2015年，批发零售业的能源结构（M）对解耦的贡献大于能源强度（I）。在建筑业中，能源强度（I）、产业结构（S）和能源结构（M）促进了1995~2015年河北省解耦，其中能源强度（I）的贡献最大。

8.4
河北省低碳试点政策的实施效果分析

8.4.1 问题描述

河北省是低碳试点城市的先驱者，2008年河北省保定市就成为世界自然基金会和建设部在中国首次实行低碳试点的城市。两年之后，发展改革委确定的首批低碳试点城市中，保定又作为唯一的地级市入选。此后，"低碳"正式写入保定的发展目标，也揭开了河北省探索低碳城市建设的序幕。2010年，保定市为低碳城市设定了十大建设工程，分别是先进制造业基地建设工程、现代服务业基地建设工程、绿色农业基地建设工程、传统产业改造工程、新型能源开发利用工程、建筑节能改造工程、城镇集中供热建设工程、农村节能普及工程、交通节能工程以及碳汇工程。同年，中共保定市委发布的《保定市人民政府关于建设低碳城市的指导意见》中指出，随着"保定·中国电谷""太阳能之城"的加快建设，低碳产业得到较快发展，低碳产品得到初步应用，低碳理念和生活方式日益深入人心。在看到基础和优势的同时，也要清醒地看到，保定市低碳城市建设仍处于起步阶段，与国家的要求、广大群众的期望、先进地区的发展相比，还有一定差距。特别是在强化低碳理念、发展低碳产业、加强低碳管理、倡导低碳生活等方面还有许多具体工作要做。抓住有利时机，总结以往经验，加快改革创新，科学、系统、全面推进低碳城市建设是保定市迫在眉睫的重要任务。预计到2015年和2020年，保定市单位GDP二氧化碳排放量分别比2005年下降35%和48%左右，主要任务是强化低碳理念、发展低碳产业、加强低碳管理、倡导低碳生活。2015年，保定市区街头的免费太阳能移动终端充电桩使保定市先于纽约成为全球首个免费充电城市,充电桩正式成为市政公共设施,标志着保定市低碳城市建设向更高层次进了一步。

2012年,石家庄市和秦皇岛市入选第二批低碳试点城市。"十二五"期间,石家庄市将通过构建低碳产业体系、减少煤炭能源消耗、加强排放目标管理、创新低碳生活模式、打造生态碳汇体系等八项措施,完成试点工作目标,打造低碳城市。秦皇岛市要以科学发展、绿色崛起为主题,以加快转变经济发展方式为主线,以调整优化经济结构为主攻方向,加快体制机制创新和科技创新,节约能源,提高能效,优化能源结构,增加森林碳汇,倡导绿色消费模式和低碳生活方式,努力探索建设"沿海强市、美丽港城"的低碳发展道路。

低碳城市建设的主要目标是城市经济发展质量明显提高,综合经济实力显著增强,产业结构、能源结构进一步优化,节能降耗成效更加明显,低碳产业优势更加突出,低碳社会建设全面推进,健康、节约、低碳的生活方式和消费模式逐步确立,居民生活质量进一步改善,二氧化碳排放强度稳步下降,逐步建成经济发展、社会繁荣、人与自然和谐相处的可持续发展的低碳城市。

为了明确低碳试点政策的实施效果,本节试图解决以下几个问题:低碳试点政策是否真正降低了试点城市的人均碳排放量?政策效果的主要影响因素是什么?试点政策在各年的实施效果有何特征?低碳政策需要作何改进?为此,本节分别利用双重差分法和合成控制法,分析低碳试点政策对河北省两批试点城市人均碳排放量的影响效应,以期对政策效果做出准确判断。

8.4.2 研究时间段及数据来源

河北省保定市为第一批试点城市,于2010年7月实行;石家庄市和秦皇岛市为第二批试点城市,于2012年12月实行。因此,首批试点工作独自发挥作用的时间范围为2010年7月至2012年11月,2012年12月至今两批试点的政策同时发挥作用。为了消除地域间的差异性以及考虑到经济特征的相似性,本节选取河北省11市作为研究对象。目前,最新的市级数据可以收集到2014年,而2000年之前各市的能源消费实物量数据缺失较多,无法精确计算碳排放量,故本节选取的研究时间段为2000~2014年。

2000~2014年河北省各市人口总数、生产总值及指数、能源消费总量、第二产业比重、城镇人口比重以及能源技术相关专利数等数据来源于《河北经济年鉴》《中国城市统计年鉴》以及各市统计年鉴和经济年鉴。各市实际GDP以2000年为不变价格折算而来,实际人均GDP由地区实际GDP除以该地区人口总数，实际单位 GDP 能耗由地区能源消费总量除以该地区实际 GDP，各市碳排放量以 8.1.3 节中计算结果为准，人均碳排放量由地区碳排放量除以该地区人口总数得到。

8.4.3 研究方法的选择

根据 6.1.3 小节中对两种政策效果分析方法的对比结果，采用双重差分法分析两批试点城市的综合政策效果，采用合成控制法对石家庄和秦皇岛的政策效果进行逐个分析，并找出影响效果的关键因素，以便确定未来低碳工作发展方向。由于保定市人均碳排放量在河北省最低，无法由其他城市合成，因此保定市的政策效果也采用双重差分法进行分析。

8.4.4 低碳试点政策对试点城市人均碳排放的综合影响分析

（1）处理组及对照组的选择。

本节为了考察低碳试点政策在河北省试点城市的综合实施效果，因此处理组为保定市、石家庄市和秦皇岛市。但是两批低碳试点城市的实行时间不同，保定市的政策实施年份为 2010~2014 年，其对应的 p 值为 1，其他年份为 0；石家庄市和秦皇岛市的政策实施年份为 2012~2014 年，对应的 p 值为 1，其他年份为 0。

对照组从河北省内未实行低碳试点政策的城市中选取。河北省未实行低碳试点的城市有 8 个，分别为承德市、邯郸市、沧州市、唐山市、张家口市、衡水市、邢台市和廊坊市。双重差分方法在对照组的选择上要求在政策实施前，对照组和处理组在人均碳排放量上具有相似的趋势变化，这样才能保证排除了控制变量之外处理组的减碳效果完全是实施低碳试点政策的结果。

对于第一批低碳试点政策来说，保定市作为处理组，其低碳试点政策的实行时间为 2010 年 7 月，选取距离政策实施年份最近的 2009 年和 2008 年作为考察年份，观察各市的人均碳排放量的发展趋势，选择变化趋势相同的未实行低碳试点城市作为保定市的对照组（见图 8.44）。

从图 8.44 可以看出，2008~2009 年，河北省保定市的人均碳排放量曲线与石家庄市、秦皇岛市和邯郸市均接近平行关系，说明四市的人均碳排放量在第一批低碳试点政策实施前有相近的发展趋势。为了进一步证实四者的平行关系，根据式（6.8），以政策实施前一年 2009 年为参照基准，设置虚拟变量 year2008 和

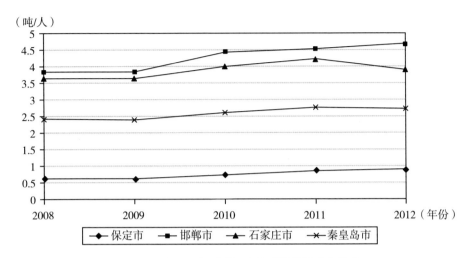

图 8.44　处理组与对照组人均碳排放量变化趋势

year2010，表示该变量只在 2008 年和 2010 年取值为 1，其他年份取值为 0；d_
year2008、d_year2010 表示 d 与 year2008 和 year2010 的乘积，同时加入 8.2.3 小
节中识别的碳排放的关键影响因素，构建双重差分模型如下：

$$\ln CP_{it} = w_1 + w_2 d_{it} + w_3 p_{it} + w_4 d\_year2008_{it} + w_5 d\_year2010_{it} + w_6 \ln A_{it} + w_7 \ln EI_{it} +$$
$$w_8 \ln RD_{it} + w_9 \ln IB_{it} + w_{10} \ln UB_{it} + u_{it} \tag{8.8}$$

其中，w_4 表示 2008 年低碳试点城市与非试点城市人均碳排放量之差相比较
2009 年的变动程度，w_5 表示 2010 年低碳试点城市与非试点城市人均碳排放量之
差相比较 2009 年的变动程度，运用 Stata 软件进行估计，结果见表 8.15。

表 8.15　　　　　　　　　　模型估计结果

VARIABLES	lnCP
d	− 0.594
	(0.647)
p	− 0.106
	(0.140)
d_year2008	− 0.0899
	(0.0713)
d_year2010	0.0604
	(0.0820)

续表

VARIABLES	lnCP
lnA	1.459 **
	(0.610)
lnEI	0.746
	(0.646)
lnRD	−0.396 **
	(0.150)
lnIB	0.742
	(1.413)
lnUB	0.666 **
	(0.258)
Constant	8.063
	(5.801)
R − squared	0.990

注：*** $p < 0.01$，** $p < 0.05$，* $p < 0.1$。

结果显示，回归系数 w_4 不显著，说明低碳政策实施前一年（2009 年）石家庄市、秦皇岛市、邯郸市与保定市的人均碳排放量增长率相同，也就是说，石家庄市、秦皇岛市和邯郸市均可作为对照组来考察第一批低碳政策在保定市的实施效果。另外，回归系数 w_5 也不显著，说明第一批低碳政策在保定市实施当年效果不明显，试点城市的人均碳排放量增长趋势与非试点城市相比并没有显著差异。这可能是由于低碳试点政策实施当年各项工作处于起步阶段，因此其减碳效果并不明显。因此，第一批低碳试点政策的处理组为保定市，对照组可以从石家庄市、秦皇岛市和邯郸市中选取。

2012 年年底第二批低碳试点政策开始实行，石家庄市和秦皇岛市作为试点城市，不再是保定市的对照组，而是与保定市一同成为处理组，也就是说，第二批低碳试点政策实施后，处理组变为保定市、石家庄市和秦皇岛市。

对照组的选择标准与前面相同，选取距离政策实施年份最近的 2011 年和 2010 年作为考察年份，图 8.44 显示，2010～2011 年邯郸市的人均碳排放量曲线与石家庄市、秦皇岛市均接近平行关系，说明三市的人均碳排放量在第二批低碳试点政策实施前有相近的发展趋势。同样，为了进一步证实三者的平行关系，根据式（6.8），以政策实施前一年 2011 年为参照基准，设置虚拟变量 year2010 和

year2012，表示该变量只在 2010 年和 2012 年取值为 1，其他年份取值为 0；d_year2010、d_year2012 表示 d 与 year2010 和 year2012 的乘积，构建双重差分模型如下：

$$\ln CP_{it} = q_1 + q_2 d_{it} + q_3 p_{it} + q_4 d\_year2010_{it} + q_5 d\_year2012_{it} + q_6 \ln A_{it} + q_7 \ln EI_{it} +$$
$$q_8 \ln RD_{it} + q_9 \ln IB_{it} + q_{10} \ln UB_{it} + u_{it} \tag{8.9}$$

其中，q_4 表示 2010 年低碳试点城市与非试点城市人均碳排放量之差相比较 2011 年的变动程度，q_5 表示 2012 年低碳试点城市与非试点城市人均碳排放量之差相比较 2011 年的变动程度，估计结果见表 8.16。

表 8.16　　　　　　　　　　模型估计结果

VARIABLES	lnCP
d	− 0.00912
	（0.0893）
p	− 0.00798
	（0.0436）
d_year2010	0.0759
	（0.0443）
d_year2012	− 0.0985 **
	（0.0340）
lnA	0.396 *
	（0.223）
lnEI	0.203
	（0.131）
lnUB	0.962 ***
	（0.275）
lnIB	0.433
	（0.338）
lnRD	− 0.346 **
	（0.158）
Constant	− 5.839 ***
	（1.042）
R − squared	0.982

注：*** p < 0.01，** p < 0.05，* p < 0.1。

结果显示，回归系数 q_4 不显著，说明第二批低碳政策实施前一年（2011年）石家庄市、秦皇岛市与邯郸市的人均碳排放量增长率相同，也就是说，邯郸市可以作为对照组来考察低碳政策在石家庄市和秦皇岛市的实施效果。另外，回归系数 q_5 显著，说明第二批低碳政策在石家庄市和秦皇岛市实施当年效果明显，试点城市的人均碳排放量增长趋势得到显著抑制。综上所述，选取邯郸市作为保定市、石家庄市和秦皇岛市的对照组。

（2）估计结果及分析。

运用 Stata 计量软件进行 Hausman 检验，结果显示，Hausman 检验的 p 值大于 0.01，说明随机效应模型比固定效应模型有效，因此本节选取随机效应模型进行参数估计。

①基本模型估计结果。

根据式（6.6），构建河北省试点政策效果的 DID 基本模型（8.10），并采用随机效应模型对其进行估计，结果如表 8.17 所示。

$$\ln CP_{it} = a_1 + a_2 d_{it} + a_3 p_{it} + a_4 d\_p_{it} + a_5 \ln A_{it} + a_6 \ln EI_{it} + a_7 \ln RD_{it} + a_8 \ln IB_{it} + a_9 \ln UB_{it} + u_{it} \tag{8.10}$$

表 8.17 中的模型（1）到模型（6）显示了从仅处理虚拟变量到依次加入各控制变量的回归结果。

表 8.17　　　　　　　　　　　　模型估计结果

VARIABLES	(1) lnCP	(2) lnCP	(3) lnCP	(4) lnCP	(5) lnCP	(6) lnCP
d	− 0.745 *** (0.172)	0.311 (0.295)	− 0.215 (0.136)	− 0.266 *** (0.0958)	− 0.435 *** (0.109)	− 0.500 *** (0.100)
p	0.199 *** (0.0480)	1.143 *** (0.352)	0.0323 (0.163)	0.0813 (0.132)	0.191 * (0.0982)	0.116 (0.0896)
d_p	− 0.342 (0.296)	− 0.744 * (0.371)	− 0.386 ** (0.169)	− 0.250 * (0.123)	− 0.276 ** (0.107)	− 0.190 * (0.0960)
lnEI		1.984 *** (0.533)	1.281 *** (0.231)	1.169 *** (0.171)	0.974 *** (0.145)	0.652 *** (0.198)
lnA			1.648 *** (0.111)	1.810 *** (0.0983)	1.463 *** (0.140)	1.525 *** (0.126)

续表

VARIABLES	(1) lnCP	(2) lnCP	(3) lnCP	(4) lnCP	(5) lnCP	(6) lnCP
lnRD				− 0.252 *** (0.0540)	− 0.359 *** (0.0408)	− 0.516 *** (0.0771)
lnUB					0.369 * (0.199)	0.711 *** (0.201)
lnIB						1.017 ** (0.377)
Constant	1.361 *** (0.0475)	− 0.445 (0.515)	− 0.771 *** (0.206)	2.092 *** (0.625)	4.123 *** (0.654)	2.515 *** (0.725)
R − squared	0.272	0.485	0.930	0.959	0.984	0.986
adjust_R^2	0.212	0.427	0.920	0.951	0.979	0.982
F_value	23.15	9.711	93.41	143.7	339.7	271.9

注：*** $p < 0.01$，** $p < 0.05$，* $p < 0.1$。

模型（1）不考虑控制变量，仅处理三个虚拟变量。结果显示：效果变量 d_p 的系数为负值，但与人均碳排放量的负相关关系不显著，调整后的 R^2 仅为 0.212，模型拟合效果不佳，对被解释变量的解释力度较低，需要加入其他控制变量进行综合判断。

模型（2）在模型（1）的基础上加入能源强度变量 EI——单位 GDP 能耗。结果显示：d_p 的系数显著为负，调整后 R^2 为 0.427，拟合优度有所提高，说明加入控制变量后模型有效性有一定提高。单位 GDP 能耗的系数显著为正，说明能源强度与人均碳排放量有显著的正向效应。

单位 GDP 能耗是反映能源投入与产出特性的变量，体现了低碳技术与能源经济的整体效率，单位 GDP 能耗越高，人均碳排放量越大。研究期内，河北省各市尤其是低碳试点城市，单位 GDP 能耗均呈现下降趋势，2014 年保定市、秦皇岛市和石家庄市的实际单位 GDP 能耗分别为 0.79 吨标准煤/万元、0.88 吨标准煤/万元和 0.98 吨标准煤/万元，远远低于河北省平均水平 1.46 吨标准煤/万元；其中秦皇岛市和石家庄市的年均下降速度分别为 5.46% 和 6.74%，高于河北省年均下降速度 5.43%。因此，单位 GDP 能耗的不断降低促进了低碳试点城市的人均碳排放量的下降，从而 2014 年河北省碳排放总量才出现了 20 年来的首次负增长。

模型（3）在模型（2）的基础上加入经济水平变量 A——人均 GDP。结果显示：d_p 的系数显著为负，说明低碳政策对试点城市的人均碳排放量的增长有明显的抑制效应。人均 GDP 的系数显著为正，说明人均 GDP 的增加显著促进了人均碳排放量的增长。

实际上，人均 GDP 的增加对碳排放的影响分为正负两个方面：一方面，人均 GDP 的增加会提高人们的购买力，导致碳排放量增长；另一方面，购买力的增加会相应提升人们对低碳绿色产品的需求，从而引起碳排放量的降低，优化了消费结构。回归结果显示，人均 GDP 的增加促进了人均碳排放量的增加，这可能是因为：尽管研究期内河北省的消费结构正在逐步优化，但整体居民消费模式还相对落后，存在不利于低碳经济发展的问题。2014 年河北省城镇居民可支配收入增速比全国慢 0.4 个百分点，其中居民服务型消费比重偏低，2005～2014 年河北省城镇居民服务性消费占居民消费总支出的比重由 21.2% 下降至 18.8%，其中保定市由 17.54% 降至 16.8%，秦皇岛市由 21.79% 降至 15.25%，只有石家庄市由 15.93% 上升到 18.55%；低碳环保型消费偏低，2005～2014 年河北省城镇居民平均每百户家用汽车拥有量由 3.94 辆上升至 22.4 辆，年均增长率高达 21.3%，其中保定市由 4.35 辆上升到 40.36 辆，秦皇岛市由 2.11 辆上升到 29.68 辆，石家庄市由 2.67 辆上升到 36.11 辆，但是越野车等大排量汽车的销售份额大大高于新能源汽车。因此河北省清洁产品消费所占比重仍较低，人均 GDP 的增加更多的是提高了能源消费量，不利于碳排放的节约，对人均碳排放量的增加有明显的驱动作用。

模型（4）在模型（3）的基础上加入研发产出变量 RD——能源技术相关专利数。结果显示：d_p 的系数显著为负，表明控制了某些影响因素后低碳试点政策显著地抑制了试点城市的人均碳排放量增长。能源技术相关专利数的系数显著为负，说明能源技术相关专利数的增加对降低人均碳排放量的效果较明显。

自 2005 年以来，河北省能源技术相关专利数量不断增加，年均增长率为 22.32%，大于同期河北省的经济发展平均增长率 9.16%，尤其是低碳试点城市保定市和石家庄市的能源技术相关专利数年均增长率分别达到 32.97% 和 29.12%。相对较多的研发产出能够满足环境发展对科技服务的需要，有利于低碳经济的发展。而且，近年来河北省的科研单位以及高校不断与企业以及市场的科技需求紧密结合，科技成果转化不足、重复研发以及协同研发较弱等问题得到了有效的解决，促进了低碳技术的发展，使能源技术相关专利数量的增加对人均碳排放量的升高起到了明显的抑制作用。

模型（5）在模型（4）的基础上加入人口结构变量 UB——城镇人口比重。结果显示：d_p 的系数显著为负，表明低碳政策对试点城市人均碳排放量增长的抑制作用明显。城镇人口比重的系数显著为正，说明城镇人口比重对人均碳排放量的正向作用明显。

现有研究表明，城镇人口比重对碳排放的影响结果分为正负两个方面：一方面，城镇人口比重的增加扩大了城市交通、运输以及住宅的需求量，加快了能源消耗量以及碳排放量的增长速度，这是城镇人口比重增长对碳排放产生的规模效应；另一方面，城镇人口比重增大会产生交通以及基础设施等公共用品使用的规模经济，并不断通过技术扩散及创新来提高能源使用效率，这是城镇人口比重增长对碳排放产生的结构效应与技术效应。回归结果表明，城镇人口比重的增加促进了人均碳排放量的增长，这可能是因为：2005 年以来，河北省各市城镇人口比重日益加大，通过能源消费量的增加对人均碳排放量产生了较大的正向规模效应，而其负向的结构效应和技术效应主要取决于城市发展质量。研究期内河北省产业结构得到优化，第一产业比重由 13.98% 下降到 11.7%，第三产业比重由 33.76% 稳步提高至 37.3%，第二产业比重由 52.66% 下降至 51%，但重工业在工业中的比重一直处于 60% 以上。其中，保定市第二产业比重有所上升，秦皇岛市和石家庄市有所下降，因此在以第二产业和重工业为主的背景下，城镇人口比重的增加会使大量新增劳动力加入传统工业产业中，非常不利于低碳技术的发展及能源效率的提高。而城镇人口比重增加对公共物品使用所产生的规模效应和集聚效应，需要优化城镇空间布局，明确城镇各分区的产业分布与功能定位，控制粗放型城镇规模扩张所带来的能源消耗和能源浪费来实现，但河北省各城市发展现状与此目标差距较大，城市发展质量有待改善，这也是未来解决能源环境约束的途径之一。因此河北省城镇人口比重增加带来的负向技术效应小于其正向的规模效应，对人均碳排放量的增加起促进作用。

模型（6）在模型（5）的基础上加入产业结构变量 IB——第二产业比重，显示了包含所有控制变量的回归结果。结果显示：d_p 的系数显著为负，大小为 -0.190，表明在控制了所有影响因素后低碳试点政策的实施对人均碳排放量的增加有显著的抑制作用，影响效应为 -0.190。调整后的 R^2 为 0.982，拟合优度非常好。第二产业比重的系数显著为正，说明第二产业比重对人均碳排放量的正向效应显著。

不同产业部门的能源消耗类型及结构不同，相对于第一产业和第三产业来说，第二产业多是劳动密集型和资源密集型行业，能耗高，碳排放系数大，这是第二产业尤其是制造业的能源特征。因此，第二产业在地区生产总值中所占比重越大，在一定程度上对技术更新越不利，而碳排放量的增加幅度大于生产效率提高带来的经济水平增加幅度，导致了人均碳排放量和碳排放强度的同步增长。研究期内，保定市第二产业比重由48.8%上升到51.5%，秦皇岛市由39.8%下降为37.4%，石家庄市由48.45%下降46.8%，其他各市均保持在50%左右，这种以第二产业为主的产业结构背景使河北省人均碳排放量长期以来处于不断增长的发展趋势，而保定市作为低碳试点城市，其产业结构还有很大的调整空间。

②时间趋势模型估计结果。

由于两批低碳试点政策的实行时间不同，有必要对政策实施在各年的效果及其变化趋势作进一步考察。根据式（6.7），在基本模型中加入时间趋势变量，构建时间趋势模型（8.11）并对其进行估计，结果见表8.18。

$$\ln CP_{it} = a_1 + a_2 d_{it} + a_{31} p1_{it} + a_{32} p2_{it} + a_{33} p3_{it} + a_{34} p4_{it} + a_{35} p5_{it} + a_{41} d\_p1_{it} + a_{42} d\_p2_{it} + a_{43} d\_p3_{it} + a_{44} d\_p4_{it} + a_{45} d\_p5_{it} + a_5 \ln A_{it} + a_6 \ln EI_{it} + a_7 \ln RD_{it} + a_8 \ln IB_{it} + a_9 \ln UB_{it} + u_{it}$$

$$(8.11)$$

表8.18显示了时间趋势模型的估计结果，反映了低碳试点政策实施效果的时间变化趋势。R^2值为0.991，拟合效果较好；各控制变量的系数均显著，说明变量引入后模型更合理。效果变量的系数显示了低碳试点政策实施后各年对人均碳排放量的影响效果，结果显示政策实施对每一年的影响效果及显著性均不同：第一，变量d_p1系数不显著，表明低碳试点城市的人均碳排放量与未试点相比未有显著降低，政策效果不显著，即保定市作为第一批低碳试点城市，2010年政策实施当年人均碳排放量相对未试点时并没有显著降低。第二，变量d_p2系数也不显著，表明试点城市的人均碳排放量相对其未试点时没有显著降低，即保定市在低碳试点政策实施的第二年里减碳效果并不理想。第三，变量d_p3系数显著，大小为 -0.0146，表示在第二批低碳试点政策实施的第一年（2012年），也就是总体政策实施的第三年里效果显著，保定市、秦皇岛市和石家庄市的人均碳排放量与未试点时相比有显著降低。第四，变量d_p4系数显著，大小为 -0.176，绝对值大于d_p3的系数，表明总体政策实施的第四年效果明显，并且对人均碳排放量增长的抑制作用大于第三年。第五，变量d_p5系数显著，大小为 -0.350，绝对值进一步增大，大于d_p4的系数，表示总体政策实施的第五年里效果显著，对保定市、秦皇岛市和石家庄市的人均碳排放量增长的抑制程度高于第四年。

表 8.18　　　　　　　　　　模型估计结果

VARIABLES	lnCP
d	-0.535^{***}
	(0.127)
p1	-0.0473
	(0.0785)
p2	-0.104
	(0.112)
p3	-0.0767
	(0.126)
p4	-0.0891
	(0.140)
p5	0.0753
	(0.207)
d_p1	-0.0856
	(0.125)
d_p2	-0.0637
	(0.0916)
d_p3	-0.0146^{*}
	(0.113)
d_p4	-0.176^{*}
	(0.0995)
d_p5	-0.350^{*}
	(0.182)
lnA	1.736^{***}
	(0.179)
lnEI	0.546^{*}
	(0.271)
lnUB	0.519^{**}
	(0.204)

续表

VARIABLES	lnCP
lnIB	1.012*
	(0.498)
lnRD	−0.524***
	(0.0933)
Constant	2.397**
	(0.883)
R − squared	0.991

注：*** p < 0.01，** p < 0.05，* p < 0.1。

进一步分析，低碳政策实施的第一年和第二年效果不显著的原因可能有两点：一是第一批试点政策从 2010 年的 7 月才开始在保定市实施，各项工作处于起步阶段，因此第一年里对保定市的人均碳排放量增长没有显著的抑制作用，也在意料之中。二是 2008 年世界自然基金会和建设部就已经在保定市实行了低碳政策，因此 2010 年成为中国首批低碳试点城市后短期内低碳政策并未有大的改变，再加上 2010 年和 2011 年保定市的经济增长速度较快，消耗了较多的能源，导致了低碳政策实施前两年的减碳效果并不理想。不过，在实施后的第三、第四和第五年效果变量系数显著并且逐渐增大，也就是说，第二批低碳试点政策实施后，秦皇岛市和石家庄市加入了低碳试点城市的队伍，有了第一批试点工作的前期铺垫与经验，第二批试点工作便很快步入正轨，同时保定市的试点道路也有了新的发展与突破，因此低碳政策的实施取得了较好的减碳效果，同时随着实行时间的推移该效应逐渐增强。

8.4.5　低碳试点政策对保定人均碳排放的影响分析

根据前面的分析，将邯郸市作为保定市的对照组进行模型估计，基本模型估计结果如表 8.19 所示。

结果显示：d_p 的系数显著为负，大小为 −0.211，表明在控制了所有影响因素后低碳试点政策的实施对保定人均碳排放量的增加有显著的抑制作用，影响效应为 −0.211。调整后的 R^2 为 0.976，拟合优度非常好。人均 GDP、能源强度、城镇人口比重和第二产业比重对人均碳排放量的正向效应显著，研发产出对

表 8.19　　　　　　　　　　模型估计结果

VARIABLES	lnCP
d	-0.462^{***}
	(0.0923)
p	0.107
	(0.0872)
d_p	-0.211^{***}
	(0.1243)
lnA	1.396^{***}
	(0.117)
lnEI	0.892^{***}
	(0.231)
lnUB	0.621^{***}
	(0.235)
lnIB	0.753^{**}
	(0.538)
lnRD	-0.376^{**}
	(0.0783)
Constant	3.839^{***}
	(1.042)
R – squared	0.982
adjust_R^2	0.976
F_value	217.5

注：$***p<0.01$，$**p<0.05$，$*p<0.1$。

人均碳排放量有显著的负向效应。2000~2014 年，保定市能源强度下降了 45.63%，研发产出增加了 262%，促进了人均碳排放量的下降。因此，技术水平提高是保定市低碳政策效果的关键促进因素。

对保定市各年政策实施效果及其变化趋势作进一步考察，如表 8.20 所示。

表 8.20 模型估计结果

VARIABLES	lnCP
d	-0.487^{***}
	(0.131)
p1	-0.0398
	(0.1232)
p2	-0.112
	(0.127)
p3	-0.0811
	(0.132)
p4	-0.1001
	(0.141)
p5	0.0653
	(0.187)
d_p1	-0.0916
	(0.112)
d_p2	-0.0761
	(0.1120)
d_p3	-0.136^{**}
	(0.113)
d_p4	-0.298^{**}
	(0.1671)
d_p5	-0.437^{**}
	(0.271)
lnA	1.367^{***}
	(0.152)
lnEI	0.616^{***}
	(0.293)
lnUB	0.537^{**}
	(0.285)

续表

VARIABLES	lnCP
lnIB	1.132 ** (0.509)
lnRD	− 0.653 *** (0.1862)
Constant	2.562 ** (0.879)
R − squared	0.992

注：*** p < 0.01，** p < 0.05，* p < 0.1。

结果显示：R^2 值为 0.992，拟合效果较好，各控制变量的系数均显著，政策实施对每一年的影响效果及显著性均不同，变量 d_p1 和 d_p2 系数不显著，表明保定市在低碳试点政策实施的前两年效果不理想。变量 d_p3、d_p4 和 d_p5 系数显著且逐渐增大，表明保定市在政策实施的第三年到第五年效果理想且逐渐增强。

8.4.6　低碳试点政策对石家庄人均碳排放的影响分析

根据 6.3 节的政策效果影响模型，运用 Stata 软件确定合成石家庄的权重组合并进行模型估计及稳健性检验。

（1）估计结果及分析。

由于保定市和秦皇岛市为低碳试点城市，因此将保定市和秦皇岛市从对照组中除去，从廊坊市、邯郸市、衡水市、唐山市、邢台市、张家口市、沧州市和承德市中选取对照组权重组合。通过合成控制法的计算，共选取两个城市构成合成石家庄的权重组合，其中廊坊市为权重最大城市（见表 8.21）。表 8.22 展示了低碳试点政策实行前真实石家庄和合成石家庄各预测变量平均值的对比，其中真实石家庄和合成石家庄人均碳排放量的差异度为 6%。同时对试点前的所有年份做回归分析以检验该方法的拟合效果，结果显示其人均碳排放量的差异度极小，仅为 2% 左右，拟合优度高达 0.9937，可以说合成石家庄的人均碳排放量变化趋势较好地拟合了真实的发展趋势。所有人均碳排放量影响因素变量的预测变量与真实石家庄的差距都小于石家庄的真实变量与各城市的平均真实变量的差距，这说明在较好地拟合人均碳排放量的基础上，其表现的影响人均碳排放量的变量相似度也较高。因此，合成控制法很好地拟合了石家庄市在低碳试点政策之前的特征，该方法适用于估计石家庄低碳试点政策的效果。

表8.21　　　　　　　　　　合成石家庄市的其他城市权重

城市	廊坊	唐山
权重	0.687	0.313

表8.22　　　　　　　　　　预测变量拟合结果

指标	石家庄市	各市平均值	石家庄市的合成组
人均GDP（万元/人）	2.48006	2.126919	2.819549
单位GDP能耗（吨标准煤/万元）	1.777586	1.927426	1.628471
城镇人口比重（%）	0.4060187	0.302629	0.303032
第二产业比重（%）	0.4918143	0.560862	0.559865
能源技术相关专利数（件）	202	93	157
2000年人均碳排放量（吨/人）	1.726538	2.974614	1.722928
2005年人均碳排放量（吨/人）	2.377113	2.961439	2.380426
2011年人均碳排放量（吨/人）	4.225873	2.890663	4.217646
2000～2011年人均碳排放量平均值（吨/人）	2.80133	2.870088	2.800126

图8.45展示了所有年份人均碳排放量的拟合结果，可以看出在低碳试点政策实施之前，合成石家庄和真实石家庄的人均碳排放量发展趋势几乎能够完全重合，表明合成控制法很好地复制了低碳试点政策实施之前石家庄市人均碳排放量的增长趋势。在低碳试点政策实施之后，石家庄市的人均碳排放量开始下降，并在2012年以后持续低于合成石家庄的人均碳排放量，同时两者的差距逐渐扩大，这意味着相对于没有实施低碳试点政策的石家庄市，由于实行了低碳试点政策而降低了石家庄市的人均碳排放量。一般政策影响都有一定的滞后性，但由于石家庄市是第二批低碳试点城市，首批试点城市的经验以及良好的前期准备使低碳试点政策在石家庄市的实施效果没有滞后性。图8.45显示，假设没有实施低碳试点政策，2014年石家庄市的人均碳排放量应为4.486吨/人，与实际人均碳排放量相差1.194吨/人，低碳试点政策的实施使石家庄人均碳排放量实际下降36.27%。

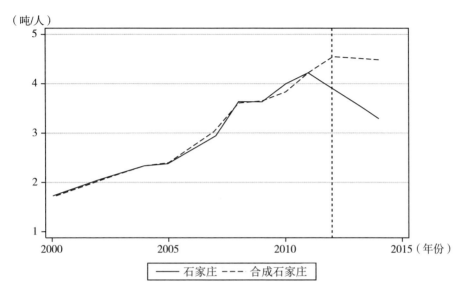

图 8.45　真实石家庄与合成石家庄人均碳排放量变化趋势对比

为了更直观地观察低碳试点政策对石家庄市人均碳排放量发展趋势的影响，我们计算了低碳试点政策实行前后实际石家庄与合成石家庄的人均碳排放量的差距。图 8.46 显示，2000～2011 年，两者人均碳排放量差距在正负 0.17

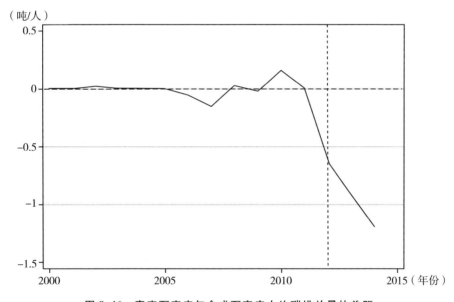

图 8.46　真实石家庄与合成石家庄人均碳排放量的差距

吨范围内波动，波动幅度为 6% 。2012 年开始两者的差距为负向持续增大，2012～2014 年真实石家庄市的人均碳排放量分别比合成石家庄市低 0.6464、0.9044、1.1942 吨/人。可见低碳政策实施后，一方面降低了高能耗能源的消费量，人们逐渐转变生活方式，追求低碳生产和低碳消费；另一方面加大了技术创新力度，促进企业优化升级，从而使该政策显著降低了石家庄市的人均碳排放量。

为了进一步找出政策效果的关键影响因素，采用合成控制法对石家庄人均碳排放量的抑制因素在低碳试点政策实施前后的变动情况进行分析。2000～2014 年，石家庄能源强度、研发产出和产业结构均抑制了人均碳排放量的增长，对这三个因素的变动情况进行分析，发现真实石家庄和合成石家庄的能源强度差距以及研发产出差距，在低碳试点政策实施前后变动不大，而产业结构差距非常明显。从图 8.47 可以看出，在低碳试点政策实施前，真实石家庄与合成石家庄第二产业比重差距不大，但在低碳试点政策实施之后，真实石家庄与合成石家庄第二产业比重差距逐步拉大，真实石家庄的第二产业比重远低于合成石家庄。这表明对石家庄市低碳政策实施效果起关键作用的是产业结构因素，通过优化产业结构，降低第二产业比重，减少了人均碳排放，同时也说明石家庄应从技术水平因素着手，降低单位 GDP 能耗，增加研发产出，实现人均碳排放的进一步降低。

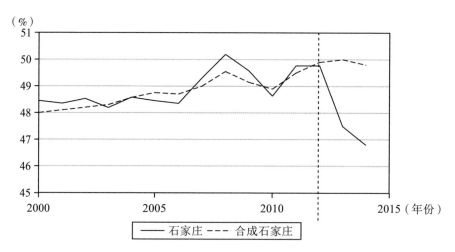

图 8.47　真实石家庄与合成石家庄第二产业比重变化趋势对比

（2）稳健性检验。

为了进一步证实低碳试点政策显著降低了石家庄的人均碳排放量，我们通过稳健性检验来排除偶然性。由于唐山市人均碳排放量最大无法由其他城市合成且 MSPE 为石家庄市的 50 倍，因此去掉唐山市，保留政策实施前 MSPE 不超过石家庄市 5 倍的 8 个城市，同时为了使安慰剂检验结果更显著，将保定市和秦皇岛市加入安慰剂检验城市中，依次将这 10 个对照组城市作为假想的处理地区（假设在 2012 年实行了低碳试点政策），而将石家庄市作为对照地区之一对待，使用合成控制法构造处理组的合成人均碳排放量，估计在假设情况下的低碳政策效应。

　　图 8.48 显示了这 10 个城市的安慰剂检验结果。图中，黑线表示石家庄市的政策处理效应，即真实石家庄与合成石家庄的人均碳排放量之差，灰线表示其他九个对照地区的安慰剂效应，即这些城市与其合成城市的人均碳排放量之差。显然，2012 年低碳政策实施后，石家庄的负处理效应很大，并且位于其他地区的外部。这表明低碳试点政策对石家庄市的人均碳排放量有较大的影响，但由于本身对照地区数量较少，出现石家庄市实际人均碳排放量与合成人均碳排放量之间差距最大的概率为 1/10 = 10%，因此可以认为石家庄市人均碳排放量的下降是在 10% 显著性水平上显著的。

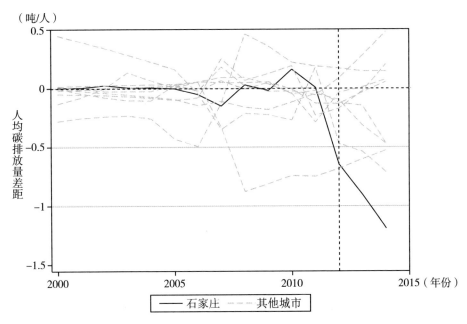

图 8.48　石家庄市与其他城市处理效应对比

　　此外，通过将所有城市在 2012 年前后 MSPE 比值的对比发现（见图 8.49），石家庄市的比值最高，政策实施后的 MSPE 值是政策实施前 MSPE 值的大约 27

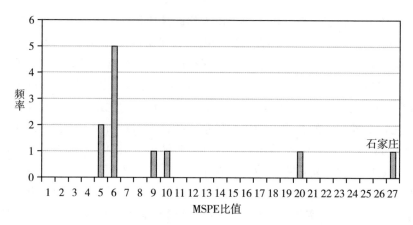

图 8.49　各城市政策实施前后 MSPE 比值分布

倍，高于其他 10 个城市。如果低碳试点政策对石家庄市完全无效，那么由于偶然因素使此比值在 11 个城市中最大的概率为 1/11 = 9.1%，这表明可以在9.1% 的显著性水平下拒绝低碳试点政策对石家庄人均碳排放量产生显著负影响的原假设。

　　通过前述安慰剂检验，可以认为低碳试点政策对石家庄市的人均碳排放量产生了影响，使其与石家庄潜在的人均碳排放量发展趋势相比有一定程度的下降，而且 2012～2014 年，两者的差距不断增大，这表明石家庄市的人均碳排放量发展情况与潜在的人均碳排放量发展情况偏离越来越大，低碳试点政策的减碳效果正在逐步显现。

8.4.7　低碳试点政策对秦皇岛人均碳排放的影响分析

　　根据 6.3 节的政策效果影响模型，确定合成秦皇岛市的权重组合并进行模型估计结果分析及稳健性检验。

　　通过合成控制法的计算，选取邯郸和衡水构成合成秦皇岛的权重组合，衡水为权重较大城市（见表 8.23）。表 8.24 展示了低碳试点政策实行前真实秦皇岛和合成秦皇岛各预测变量平均值的对比，其中真实秦皇岛和合成秦皇岛人均碳排放量的差异度为 6.2%。对试点前的所有年份做回归分析以检验该方法的拟合效果，结果显示其人均碳排放量的差异度极小，仅为 2.3%，拟合优度为 0.9890，可以说合成秦皇岛的人均碳排放量变化趋势较好地拟合了真实的发展趋势。所有预测变量与真实秦皇岛的差距都小于秦皇岛的真实变量与各城市的平均真实变量的差距，说明合成控制法很好地拟合了秦皇岛市在低碳试点政策之前的特征。

表 8.23　　　　　　　　合成秦皇岛市的其他城市权重

城市	衡水	邯郸
权重	0.718	0.282

表 8.24　　　　　　　　预测变量拟合结果

指标	秦皇岛	各市平均值	合成秦皇岛
人均 GDP（万元/人）	2.297345	2.126919	2.317853
单位 GDP 能耗（吨标准煤/万元）	1.279857	1.927426	1.195376
城镇人口比重（%）	0.430099	0.302629	0.408123
第二产业比重（%）	0.395429	0.560862	0.542391
能源技术相关专利数（件）	89	93	87
2000 年人均碳排放量（吨/人）	1.125398	2.974614	1.260123
2005 年人均碳排放量（吨/人）	1.781561	2.961439	1.719809
2011 年人均碳排放量（吨/人）	2.765442	2.890663	2.645376
2000 - 2011 年人均碳排放量平均值（吨/人）	2.321167	2.870088	1.852109

　　图 8.50 展示了所有年份人均碳排放量的拟合结果，可以看出在低碳试点政策实施之前，合成控制法较好地复制了低碳试点政策实施之前秦皇岛市人均碳排放量的增长趋势。但是，在低碳试点政策实施之后，秦皇岛市的人均碳排放量并没有出现持续下降的趋势，虽然在 2012 年以后低于合成秦皇岛的人均碳排放量，但两者的差距并不大，这意味着相对于没有实施低碳试点政策的秦皇岛市，低碳试点政策的实施并没有显著降低秦皇岛市的人均碳排放量。

　　为了进一步找出政策效果的关键影响因素，采用合成控制法对秦皇岛能源强度、研发产出和产业结构因素在低碳试点政策实施前后的变动情况进行分析。结果显示：在低碳试点政策实施前后，真实秦皇岛和合成秦皇岛在产业结构、能源强度和研发产出因素上的差距变动均不明显。其中，能源强度差距变动最小。从

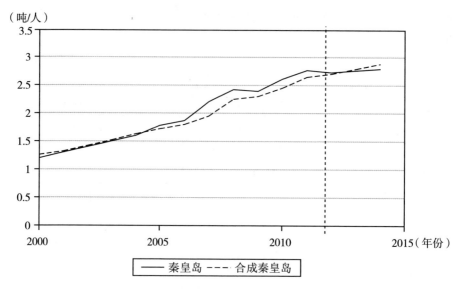

图 8.50　真实秦皇岛与合成秦皇岛人均碳排放量变化趋势对比

图 8.51 可以看出，低碳试点政策实施后，虽然秦皇岛的单位 GDP 能耗呈现逐渐低于合成秦皇岛的趋势，但两者的差距并不明显。这表明技术水平的提高和产业结构的调整并没有显著降低秦皇岛的人均碳排放量，导致政策效果不显著，而技术水平是主要原因。因此，在加快技术创新的同时进一步降低第二产业比重，是秦皇岛政策效果尽快显现的有效途径。

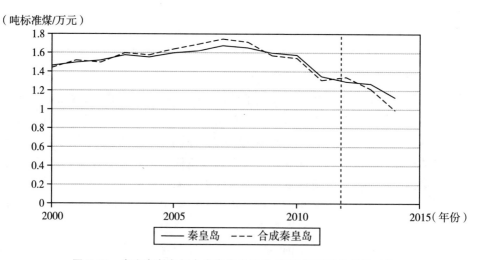

图 8.51　真实秦皇岛与合成秦皇岛单位 GDP 能耗变化趋势对比

8.5

河北省碳排放的减排路径

8.5.1　针对要素的减排路径

8.5.1.1　技术水平要素的减排路径

（1）技术水平要素的减排路径依据。

能源强度和研发产出是衡量技术水平的重要指标。前面研究显示，能源强度是河北省碳排放的关键抑制因素，单位 GDP 能耗每降低 1%，河北省碳排放量下降 0.3701%。同时，能源强度也是促进河北省碳排放与经济增长解耦的最主要驱动要素，对促进解耦的贡献率达到 79.16%。1995～2015 年，河北省实际能源强度由 3.12 吨标准煤/万元下降至 1.37 吨标准煤/万元，使 2014 年和 2015 年碳排放量出现下降趋势，说明能源强度的下降较明显地起到了减少碳排放的作用。因此，降低河北省碳排放量，技术进步是关键。

另外，河北省研发产出变量的 VIP 值大于 1.2，表明对碳排放量的解释程度非常高，而且研发产出每增加 1%，河北省碳排放量下降 0.1032%。能源技术在减缓和适应气候变化方面具有巨大潜力，河北省走低碳发展道路，能源技术创新是核心，能源技术相关专利数量是衡量其发展水平的标准之一。由此可见，低碳技术是碳减排的重要引擎，开发和应用低碳技术、增加能源技术相关专利数量是减少碳排放的一个关键途径。

从现实情况来看，中国自身低碳技术研发实力较国外发达国家来说较为薄弱，而引进国外先进的低碳技术也面临着重重困难。对于河北省来讲，形势更是不容乐观。《河北省"十三五"能源发展规划》中指出，到 2020 年单位 GDP 能耗争取比 2015 年下降 19%，因此河北省应当依据本省的产业特色，加大有利于本省低碳经济发展的技术研发和推广，增加能源技术相关专利数量，降低能源强度。

（2）基于技术水平要素的碳排放减排路径。

根据第 7 章的基于技术水平维度的减排路径框架，河北省的具体路径为：①打造京津冀科技创新平台，依托节能减排、低碳领域的重大项目以及河北省完善的能源产业链，借助京津等地人才、技术优势，强化企业、高等学校、研究机构合作，着力构建以企业为主体、以市场为导向的能源协同创新中心和产学研联盟，集中科技资源对节能减排关键共性技术进行重点研发，实现关键低碳技术的创新。②结合河北省能源生产消费领域重大问题，应当加强现有节能减排先进适用技术的集成配套，通过节能减排与清洁生产企业的技术示范，推进低碳技术的应用与革新，加快推广相对成熟的先进技术，改善能源生产消费结构和利用方式，重点推进燃煤高效发电和超低排放技术、清洁高效微粉燃煤锅炉、燃气热电冷联供系统、地热集中供暖、高效太阳能利用、大功率和低风速风机等技术。③结合国家要求和河北省实际，着力推进智能微网和"互联网＋"智慧能源、多能互补集成优化、规模化储能、风光储输一体化、核小堆供热、新能源开发利用等一批示范项目。

8.5.1.2　人口结构要素的减排路径

（1）人口结构要素的减排路径依据。

城镇化率是河北省碳排放增长的重要推动因素，对碳排放的拉动作用较为明显，仅次于经济增长。前面研究显示，城镇化率与碳排放量的相关系数为0.2116。伴随着城镇化的快速推进，城镇人口比重大幅增加，城市交通、运输及住宅建设等需求也不断增长，容易导致城市盲目扩张，造成能源的过度消耗并产生大量碳排放。因此，促进城镇绿色发展是河北省减碳目标实现的重要保障。

国家发改委先后发布了三批新型城镇化综合试点方案，重点推进以人为核心的城镇化，提高城镇化质量是关键。在城市发展上，摒弃仅仅注重人口由农村向城市地区流动的传统城市化发展模式，更加注重绿色智能化导向的新型城镇化发展，坚持以城乡统筹、城乡一体、产业互动、节约集约、生态宜居、和谐发展为基本特征的城镇化，建设大中小城市、小城镇、新型农村社区协调发展、互促共进的城镇化。

（2）基于人口结构要素的碳排放减排路径。

根据第7章的基于人口结构维度的减排路径框架，河北省的具体路径为：①以保定和廊坊为重点，提高城市生态环境承载能力，打造生态良好、宜居宜业的协同发展核心区，实现与京津率先联动发展。以石家庄、保定、唐山、邯郸四个区域中心城市为重点，推进主城区与周边县同城化、组团式发展。以承德、张家口、秦皇岛、沧州、衡水和邢台等市为节点，突出自然景观和传统文化特色，保护和扩大绿地、水域、湿地等生态空间，提升综合承载力和辐射带动作用。②创造绿色就业机会，完善绿色人居环境，实现环境公平与发展效率兼顾，以就业为保障吸引农民进城落户。③大力发展绿色建筑和绿色能源，构建低碳、便捷的交通体系，推进智慧城市建设，加强对建设用地总量的严格控制，重点加强建设用地的集约节约利用，促进和实现人口与资源、环境、经济、社会的可持续发展。

8.5.1.3　产业结构要素的减排路径

（1）产业结构要素的减排路径依据。

以工业为代表的第二产业是碳排放量最大的产业部门，近年来河北省第二产业比重稳步下降，但均在50%左右，由此产生了较大的能源消耗，非常不利于河北省的节能减排。前面研究显示，产业结构的两个指标因素：第二产业增加占生产总值比重和工业增加值占第二产业增加值比重，都促进了河北省碳排放量的升高，第二产业比重每增加1%，碳排放量就增加0.1002%，工业比重每增加1%，碳排放量增加0.0823%。2013~2015年，产业结构已经从河北省碳排放与经济增长解耦的负向驱动要素转变为正向驱动要素，说明河北省的产业结构调整开始作用，但作用微小。因此，河北省应当加快产业结构调整的步伐，尽快转变粗放型的经济发展方式。

产业结构的调整包含两个方面：降低第二产业比重和提高第三产业比重，但是第二产业比重下降固然会使碳排放量下降，但对出口的影响非常大，会严重阻碍经济发展，使GDP降幅明显，结果是能源强度减少并不明显，可见这种减排途径要慎重选择。近年来，河北省第三产业比重上升较为明显，2015年已经达到40.19%，而且第三产业具有低排放低污染高附加值的特征，因此，加快发展第三产业是河北省低碳经济发展的必然需要。

（2）基于产业结构要素的碳排放减排路径。

根据第7章的基于产业结构维度的减排路径框架，河北省的具体路径为：①促进高能耗行业向低碳型转化。河北省污染企业众多，2013~2015年关停取缔重污染企业将近一万家，2017年大力开展散乱污产业、散煤污染"两散"问题整治，关停取缔了6.9万家企业，这些举措缓解了河北省的环境问题。因此，在"十三五"规划的后三年，河北省应当进一步完善落后产能退出机制，加快淘汰落后生产能力，重点加大对钢铁、水泥、电力和玻璃等行业落后产能淘汰力度，同时进一步提高节能低碳环保市场等行业的准入门槛。②大力发展研发设计、信息技术、生物技术、科技服务等高新技术服务业，积极发展高端商贸、物流、金融、保险等现代服务业，努力推进媒体传播、数字视讯、出版发行、动漫游戏、文化创意等低碳服务业的快速发展，加快推进战略性新兴产业及新能源与节能环保产业发展，重点发展光伏产业、风力发电及太阳能电池产业。

8.5.1.4 能源结构要素的减排路径

（1）能源结构要素的减排路径依据。

河北省长期以来都以煤炭消费为主，而煤炭是产生碳排放的最主要来源，虽然天然气等清洁能源消费比重正在逐渐扩大，但煤炭一直处于主导地位。前面研究显示，能源结构的弹性系数为 0.0795，煤炭消费量占能源消费总量的比重每降低 1%，碳排放量就减少 0.0795%，这表明能源结构的优化对碳排放量的升高起到抑制作用，但抑制作用较小。研究期内，煤炭消费比重略有上升，对河北省碳排放与经济增长解耦产生了轻微的抑制作用。2009 年以来河北省煤炭消费量在能源消费总量中的比重在波动中处于下降趋势，但始终在 86% 以上，总体上能源结构优化不明显，因此河北省应当继续优化能源结构，将化石能源和非化石能源结合起来，在降低煤炭消费比重的同时提高天然气等清洁能源的比重，才能从根本上发挥能源结构优化的抑制作用，降低碳排放强度。

统计资料显示，河北太阳辐射总量在 5000 兆焦/平方米，远远高于除西部省份外的其他地区。风能资源总储量 7400 × 104 千瓦，陆上技术可开发量超过 1700 × 104 千瓦，近海技术可开发量超过 400 × 104 千瓦，主要分布在张家口、承德坝上地区、秦皇岛、唐山、沧州沿海地区以及太行山、燕山地区。河北地热资源可采量相当于 94 × 108 吨标准煤。可见，河北省的可再生能源资源较为丰富，可以利用这一资源禀赋加快发展相关能源产业。

（2）基于能源结构要素的碳排放减排路径。

根据第 7 章的基于能源结构维度的减排路径框架，河北省的具体路径为：①积极开发水电、风电、太阳能、核能、潮汐能等新型清洁能源，改变能源消费结构较为单一的形态，改善河北省经济发展依赖化石类燃料能源的现状。②加大低碳能源技术的研发力度，加快可再生能源的开发利用。③积极鼓励企业利用自身生产特点，在设备和工艺流程上有针对性地开发能源高效利用技术，减少能源的消耗量，提高企业经济效益，促进经济环境协调发展。④政府对新能源技术的研发在金融或者税收方面应予以大力支持，通过降低新能源的研发成本，引领企业积极进入新能源领域，对于推动新能源的研究、开发和应用具有非常重要的战略意义。

需要注意的是，煤炭消费比重的减少虽然有利于减排工作，但却是以经济发展为代价的，甚至有可能导致就业大幅下降而引起社会不稳定，因此能源消费结构调整应该更加系统化，努力构建安全稳定的清洁能源发展体系。

8.5.2　针对部门的减排路径

8.5.2.1　农业减排路径

（1）农业部门的减排路径依据。

前面研究显示，1995~2015年，农业部门经历了从强解耦到弱解耦或扩张负解耦，最后又回到强解耦，能源结构和能源强度是抑制农业部门解耦的两大驱动要素。而在河北省所有经济部门中，只有农业部门的能源强度呈现增长态势，抑制了解耦。然而，像有机秸秆等农业产品的循环利用以及生态农业、能源农业的发展都说明农业部门能源强度的降低是可以实现的。

2008年十七届三中全会首次提出建设资源节约型、环境友好型农业，"十二五"以来，基于生物质产业的能源农业开始发展起来，而有机秸秆等农业产品也可以用来产生可再生能源，这些都说明在农业部门中能源是可以被循环利用的，这样可以降低农业的能源强度，有利于农业部门的碳减排和解耦。

（2）农业部门的碳排放减排路径。

根据第7章的基于农业维度的减排路径框架，河北省的具体路径为：①在河北省农村推广有机化肥的施用，通过示范引导模式倡导绿色农业、能源农业、生态农业。②开发太阳能、风能、生物质能等农村新型可再生能源，大力发展农村沼气，推进秸秆气化、固化，积极发展能源作物，调整农业部门能源结构。③积极推进农业清洁生产，推广节肥节药技术，发展生态型畜牧业。④推进河北农业机械节能，加强节能农业机械和农产品加工设备技术的推广应用，推广应用复式联合作业农业机械，降低农业机械单位能耗。⑤重视农业技术的开发和应用，降低农业能源强度，减少农村生产生活用能。

8.5.2.2　工业减排路径

（1）工业部门的减排路径依据。

前面研究显示，工业是对河北省解耦影响最大的部门，1995~2015年，工业部门经历了从弱解耦到扩张负解耦，最后实现强解耦。在所有的部门驱动要素中，工业部门的能源强度对解耦贡献最大，负面作用则来源于工业部门的经济水平和产业结构。河北省是以重工业为主的产业结构，优势产业共10个，涉及钢铁、煤炭、皮革、电力、石化、印刷、食品和纺织等领域，其能源消费量占规模以上工业能源消费总量的82.6%（2014年）。因此，降低河北省碳排放量，工业部门还有很大的下降空间。

（2）工业部门的碳排放减排路径。

根据第 7 章的基于工业维度的减排路径框架，河北省的具体路径为：①在工业领域要重点加强对工业热电联产、重点生产工艺节能技术以及工业余热、余压、余能利用等技术研发，并在钢铁、有色、煤炭、电力、石化、建材、纺织、造纸等重点行业开发、推广应用一批潜力大、应用面广的重大节能低碳技术[291]。②在企业内开展绿色设计试点验收制度，加快企业绿色设计相关工作的进度，实施工业节能与绿色标准化行动，引导企业构建绿色制造体系。③遏制高耗能产品及行业的过度发展，促进钢铁、化工和电力等高耗能行业转化为低碳型，推动工业结构内部升级，加大低碳型技术创新力度。④加快传统产业清洁化改造，推动工业资源综合利用，推进可再生能源行业规范管理，大力发展绿色制造业，培育再制造产业发展。

8.5.2.3 建筑业减排路径

（1）建筑业的减排路径依据。

前面研究显示，1995～2015 年，建筑业基本上一直处于弱解耦状态。近年来，随着绿色节能建筑理念在行业的推广，河北省建筑行业对实施绿色施工、创建绿色建筑有了普遍认识。河北省被动式低能耗建筑是全国出台标准最早、竣工面积最多、示范类型最全的省份，2015 年竣工面积达 6 万多平方米，并启动了既有建筑被动式低能耗改造和正能建筑示范建设，同时进一步加大绿色建材推广力度，重点推广尾矿透水砖、环保水性漆、节能门窗等，新型建材应用率达到61.6%；全省新增绿色建筑 326 万平方米，完成既有居住建筑节能改造 885 万平方米，可再生能源建筑应用率达到 44.4%。在建筑业中，能源强度、产业结构和能源结构均促进了河北省解耦，其中能源强度的贡献最大，说明河北省在低碳建筑方面取得了一定的成绩。

（2）建筑业的碳排放减排路径。

为了走出一条理性正确的建筑生态节能之路，根据第 7 章的基于建筑业维度的减排路径框架，河北省的具体路径为：①从技术、设计等方面推进建筑节能，提高建筑节能标准，推广被动式低能耗建筑，积极推进农村建筑节能，推广太阳能、地源热泵、空气源热泵及相关结合采暖和太阳能热水系统，提升新建筑能效水平。②实施"三个一批"项目，加快既有建筑的节能改造。③积极推广可再生能源建筑应用，大力推进太阳能综合利用，大力发展分布式能源建筑，推进建筑用能的结构调整，增加可再生能源建筑面积和城镇建筑中可再生能源的应用比例。

8.5.2.4 交通运输业减排路径

（1）交通运输业的减排路径依据。

前面研究显示，1995～2015年，交通运输业经历了从强解耦到扩张负解耦、弱解耦，最后回到强解耦，能源强度是主要贡献者，产业结构和能源结构是负向驱动要素。交通运输业对河北省解耦的影响仅次于工业，因此降低交通运输业的碳排放量对河北省低碳经济的发展具有重要作用。随着城市机动车保有量快速增长，污染物排放总量持续攀升，所带来的城市污染问题日趋严重。据河北省统计局数据显示，至2017年年末民用汽车保有量1413.8万辆，比上年末增长9.5%，其中私人汽车保有量1304.9万辆，增长10.0%。民用轿车保有量851.3万辆，增长12.2%，其中私人轿车823.6万辆，增长12.6%。在城市化和机动化的双重压力下，低碳交通运输以高能效、低能耗、低污染、低排放为特征，成为城市交通发展的一个重要发展方向和研究领域，其核心在于提高交通运输的能源效率，改善交通运输的用能结构，优化交通运输的发展方式，其目的在于使交通基础设施和公共运输体系最终减少以传统化石能源为代表的高碳能源的高强度消耗[292]。因此，发展低碳交通运输成为城市交通发展的战略方向。

（2）交通运输业的碳排放减排路径。

根据第7章的基于交通运输业维度的减排路径框架，河北省的具体路径为：①河北省交通运输业能源结构的优化还有很大潜力，应当鼓励开发低碳清洁型能源来替代石油燃料，如燃料乙醇和生物柴油等生物燃料，同时加快燃料电池汽车等低碳技术的研究及应用。②借鉴发达国家的经验，通过征收购车费、牌照费、汽油税等费用进一步增加私家车的用车成本对其使用进行控制。③鼓励发展技术先进、经济安全、环保节能的运输装备，加快淘汰技术落后、污染严重、效能低下的运输装备，促进智能交通发展。④鼓励公共交通，建设完善、便利的公共交通系统，在进一步增加线路的同时，根据人流情况开设、调整公交线路，发展快速公交线路，也可尝试采用定制公交的形式提供多层次的公共交通服务，降低公共交通的出行成本。

8.5.2.5 批发零售业减排路径

（1）批发零售业的减排路径依据。

前面研究显示，1995～2015年，批发零售业经历了从弱解耦到扩张负解耦，最后回到弱解耦，能源强度和能源结构是主要的解耦驱动要素。2009年9月商务部首次发布《2010年中国零售业节能环保绿皮书》，批发零售业掀起了倡导节能减排的热潮。1995～2015 年，河北省批发零售业的能源强度由 0.15 吨标准煤/万元下降至 0.12 吨标准煤/万元，零售业低碳化取得一定效果。目前河北省批发零售业正处于快速增长和调整时期，在社会经济发展中的地位和作用正在不断上升，减少批发零售业的碳排放成为低碳经济发展的重要组成部分。

（2）批发零售业的碳排放减排路径。

低碳经营要取得成效应从小事做起，循序渐进，不断积累，根据第 7 章的基于批发零售业维度的减排路径框架，河北省的具体路径为：①经营思路系统化，实行可持续的系统性低碳措施，使"碳排放热点""碳标签"等方式成为一种长期的可持续的减碳措施。②继续推广低碳示范商店，引进节能降耗管理技术和设施设备，优化管理流程与方法。③政府提供专项政策和资金来支持零售业实现低碳化经营。④依靠管理手段不断评估企业的节能环保现状和潜力，发现新的节能环保点，借助技术手段予以实现。⑤餐饮业要实现采购、生产及食品服务环节的低碳化，保证食品原料的安全与环保，确保食品的营养与卫生，运用低碳技术组织生产，实行清洁工艺生产，集中使用水、电、汽，做好污水、废气和垃圾的处理工作，做到达标排放。

8.5.2.6　其他服务业减排路径

（1）其他服务业的减排路径依据。

前面研究显示，1995～2015 年，其他服务业一直处于弱解耦状态，能源强度是主要正向驱动要素，产业结构和能源结构是负向驱动要素。服务业是经济部门中能耗最低、污染最小的行业，加强服务业的发展、增加服务业在产业结构中的比重是河北省低碳经济建设的重要任务之一。河北省应当制定相关政策来鼓励金融保险业、文化教育产业、旅游业等服务业的发展，同时推进服务业的转型升级，以此来进一步降低河北省的碳排放量[293]。另外，2014 年习近平总书记提出了京津冀协同发展的倡议，这对河北省优化城市布局、推进产业升级转移和推动公共服务建设都具有良好的促进作用。1995～2015 年，其他服务业的能源强度和能源排放系数要素促进了河北省解耦，其中服务业的能源强度由 0.3 吨标准煤/万元下降至 0.1 吨标准煤/万元，同时在所有部门的能源排放系数要素中，其他服务业对解耦的贡献最大，说明服务业的能源设备利用效率大幅提高，燃料质量日益改善。

（2）其他服务业的碳排放减排路径。

目前，河北省低碳服务业需要在旅游、金融等几个重点行业进行改革，以对其他行业起到带头示范作用，促进整个服务业的可持续发展[294]，根据第 7 章的基于其他服务业维度的减排路径框架，河北省的具体路径为：①积极参与低碳认证，大力开展低碳营销，加强低碳消费理念的宣传，传递低碳消费信息，提高消费者的环境保护意识，形成低碳消费观，使消费者建立合理的低碳消费结构和多样的低碳消费方式，以此促进服务业不断强化其低碳服务意识，不断改进其低碳服务措施。②银行可以尝试低碳信贷创新业务，给予新能源行业一定的信贷倾斜，容许将排污许可证作为抵押物来申请贷款。③积极开办CDM项目金融服务，努力开展低碳金融衍生品的金融创新。④建立健全相关的法律法规，为发展低碳服务业提供有力的法律保障。

8.5.2.7　生活消费部门减排路径

（1）生活消费部门的减排路径依据。

随着河北省经济水平的提高以及人均收入水平与消费水平的提升，城乡居民生活能耗及其引致的碳排放日益增多，生活消费部门成为仅次于工业的第二大能源消费部门。前面研究表明，河北省人均GDP是造成碳排放量增加的关键因素，与碳排放量的相关系数为0.2223，同时也是抑制解耦的第一驱动要素。因此，减少生活用能、降低生活能耗，是河北省减少碳排放的主要任务之一。

（2）生活消费部门的碳排放减排路径。

根据第7章的基于生活消费部门维度的减排路径框架，河北省的具体路径为：①进一步降低煤炭在燃料结构以及火电在电力消费结构中的比重，增加天然气等清洁能源在生活用能中的比例，促进节能炉或太阳能加热设备的应用，合理降低生活能耗。②尽量购买本地食品和应季的水果蔬菜、减少外卖和外出就餐，尽量减少使用空调、冰箱、洗衣机等耗能产品，提倡居住空间的低碳装饰与装修。③尽量选择步行、自行车、地铁或公交车等绿色交通方式出行，加速淘汰高耗能的老旧汽车，推广使用新能源汽车，进一步推进以城际轨道交通为主、高速公路为辅的交通模式以及城市综合交通节能体系的建设。

8.5.3　针对地区的减排路径

8.5.3.1　试点城市减排路径

（1）保定市减排路径。

前面研究显示，低碳试点政策在保定市的实施效果显著，关键影响因素是技术水平，产业结构还需要进一步调整。2017年4月，雄安新区的设立对于调整优化京津冀城市布局和空间结构、培育创新驱动发展新引擎都具有重大的现实意义和深远的历史意义。那么，在具有一定产业优势的基础上，加快调整产业结构，进一步促进高端智能化低碳产业发展，使其成为低碳发展的示范城市，是保定市未来发展的主要方向。

根据第 7 章的基于试点城市维度的减排路径框架，保定市的具体路径为：①继续打造"太行凤凰谷·中国零碳小镇"、"金太阳"屋顶工程、电谷城市地坛公园等低碳项目，发挥其低碳示范作用，引导新型低碳产业发展。②推进"公交都市"建设，促进城镇功能提升和空间格局优化，倡导低碳化生活方式和消费模式。③加大发展新能源和能源设备制造、汽车及零部件、电子信息及新材料等具有保定特色和优势的三大先进制造业，进一步促进新能源和能源装备制造基地（保定·中国电谷）、汽车及零部件制造基地（华北轻型汽车城）和电子信息及新材料基地建设，不断提高先进制造业在保定工业中的比重，提升制造业的产业层次和水平，重点推进英利集团、国电联合动力、长城集团、长安集团、航天科技集团等企业的重点项目建设。④在发展新能源和可再生能源产业方面，要以保定电谷建设为契机，开展重大项目，组织光伏发电技术、锂电池储能技术、自动控制技术等科技攻关。⑤逐步提高集中供热率的比例，加快煤改气进程，提高天然气、太阳能等清洁能源在交通领域的应用。

（2）石家庄市减排路径。

前面研究显示，低碳试点政策在石家庄市的实施效果显著，产业结构是关键影响因素，技术水平有待进一步提高。石家庄市是河北省省会，也是低碳试点城市中人均碳排放量最多的地区，煤炭消耗量大，能源结构不合理，雾霾严重。虽然成为低碳试点城市后减碳效果显著，但人均碳排放量在河北省仍居第三位，仅次于唐山市和邯郸市。因此，在继续产业转型升级的基础上，加快低碳技术创新，加大能源技术相关专利研发力度，进一步降低能源强度，构建新型现代能源体系，是石家庄市低碳发展的主要方向。

根据第 7 章的基于试点城市维度的减排路径框架，石家庄市的具体路径为：①积极推动"互联网＋"智慧能源系统，促进智能化能源生产，建立能源生产运行的监测、管理和调度信息公共服务网络，加强能源产业链上下游企业的信息对接和生产消费智能化，建设以太阳能等可再生能源为主体、多能源协调互补的能源互联网，支持大型商场、宾馆、体育馆以及农村屋顶分布式光伏发电项目建设，突破分布式发电、储能、智能微网、主动配电网等关键技术，构建智能化电力运行监测、管理技术平台。②重点支持发动机、驱动电机系统、电动空调、先进变速器、智能控制、电动制动器等核心技术研发，促进新能源大巴车、家庭用车等的开发，提高公交车、出租车以及私人用车中新能源汽车比例，支持纯电动汽车和插电式混合动力汽车发展，加快推进充电站、充换电站和充电桩等基础设施建设，保障各类建筑物及社会公共停车场配建充电基础设施比例，支持占地少、成本低、见效快的机械式与立体式停车充电一体化设施建设。③积极发展热电联产，加快骨干电网、城镇配电网等输电设施建设，提高输变电保障能力，加快农村电网升级改造，构建安全的供电保障设施体系。④建立多元的供热保障设施体系，增强中心城区供热能力，加快上安、西柏坡电厂废热利用项目建设。⑤提高非化石能源利用比重，以发展西部荒山、荒坡集中式光伏电站和中东部农业设施光伏项目为重点，加快推进大型公共建筑、企事业单位建筑屋顶分布式光伏发电系统建设。以项目建设为载体，大力支持航天机电、中电投、华能等光伏发电项目建设，力争建成百万千瓦级光电城市。⑥充分发挥石家庄市作为国家半导体照明产业化基地的技术源头作用，依托已实施的"半导体照明产品开发及应用示范"重大专项，以设计制造具有自主知识产权的高端芯片为核心，做强以外延材料生产和芯片封装为重点的半导体照明产品生产体系，保持功率型LED白光光源及其封装技术在全国的优势地位。

（3）秦皇岛市减排路径。

前面研究显示，低碳试点政策在秦皇岛市的实施效果不显著，技术水平和产业结构均未起到显著降低秦皇岛人均碳排放量的作用。因此，与石家庄市和保定市相比，秦皇岛市的人均碳排放量还有很大的下降潜力。秦皇岛市是中国著名的旅游城市，也是河北省唯一一个以第三产业发展为主的城市。因此，加快发展低碳旅游业，构建低碳产业体系，调整优化经济结构，提高低碳技术水平，是未来秦皇岛低碳经济发展工作中的重点。

根据第7章的基于试点城市维度的减排路径框架，秦皇岛市的具体路径为：①建立以资源高效循环利用为特征的循环发展产业体系，形成以能源梯级利用为特征的低碳发展体系，实施"1122"循环经济示范工程，树立绿色消费理念。②推进智能节能工程建设，开展工业能耗智慧管控中心项目，实时监控企业产品和关键工序的能耗数据，为政府提供能耗数据信息查询服务和决策支持。③实行碳普惠制试点，建设碳普惠制推广平台，建立减碳行为量化核证体系及商业激励机制，引导公众建立低碳的生活和消费模式。④进一步发展低碳服务业，构建生态旅游和信息服务相结合的低碳服务业产业体系，加速推进"旅游＋"融合发展及旅游业供给侧结构性改革，不断调整和完善旅游产品结构和营销方式，打造循环绿色低碳型旅游产业，提升旅游业在地区生产总值中的比重，达到调整经济结构、降低碳排放量的目的。⑤根据自身优势重点发展英利光伏发电、青龙满族自治县宏伟光伏发电、秦唐光伏发电长廊、昌黎县沿海风电开发以及秦皇岛经济技术开发区装备制造产业基地和节能环保产业园、卢龙县循环经济园区、北戴河新区新能源示范产业园区、沿海潮汐发电基地等示范园区，以期达到进一步降低碳排放量的目的。⑥加快发展太阳能、生物质能等绿色清洁能源，强化能源消耗强度和总量管理双重控制，发展公共交通、轨道交通、海上客运，推广新能源汽车，鼓励绿色出行，推广绿色节能建筑，开展低碳城市规划和建设。⑦强化秦皇岛港煤尘治理，提高港口煤尘防治水平，加强散煤控制，大力推广使用洁净煤和清洁能源，加强燃煤锅炉整治，城市建成区取缔 35 吨以下燃煤锅炉，建成区周边、县城、重点镇淘汰 10 蒸吨以下燃煤锅炉，强化挥发性有机物治理，加强机动车、船舶等移动源污染防控。⑧壮大装备制造业，大力发展轨道交通、海洋工程装备、发电、输变电等高端制造业和以数字化、系统集成技术为核心的智能装备制造业，着力发展数据产业及新一代信息技术产业，打造"数谷"和电子信息产业基地，推进智慧城市建设，大力发展节能环保产业，形成企业带动、园区支撑、品牌引领的产业新格局，努力将其培育为新兴支柱产业。

8.5.3.2 非试点城市减排路径

河北省拥有丰富的矿产资源和风能、太阳能、生物质能、水能、地热能及海洋能等可再生能源。在"十三五"规划承上启下的关键一年，河北省非试点城市应当借鉴试点城市的成功经验，抢抓京津冀协同发展、京张联合承办冬奥会、张家口可再生能源示范区等重大机遇，把发展可再生能源作为今后一个时期能源生产与消费革命的重要抓手，加快促进经济转型升级、能源结构调整、大气环境治理，为实现绿色、清洁、低碳、可持续发展提供坚强动力，促使河北省经济由高速增长转向高质量发展。

根据第 7 章的基于非试点城市维度的减排路径框架，具体路径为：①通过多能互补发展有效缓解可再生能源发展不均衡的问题，在加速风电开发利用的同时，进一步加大光伏以及抽水蓄能的开发程度，加快建设张家口、承德等市百万千瓦级风电基地，建设唐山、沧州沿海风电基地，推进太阳能多元化利用，集中式与分布式并重加快发展光伏发电，在张家口、承德等市开展太阳能光热发电示范工程，建设奥运迎宾光伏廊道，实施太阳能入户工程。②协调电网建设与风电开发速度，减少资源浪费和项目投资效益损失，加大可再生能源电力消纳能力，健全协调机制和市场机制，畅通与国土、林业、海洋等其他规划的衔接机制，保证项目按期落地。③加大可再生能源在终端能源消费总量中的比重。张家口和承德是可再生能源发展较好的两个城市，可再生能源占终端能源消费总量的比例分别为30%和33%，因此应当利用其他城市的自身优势加大可再生能源的比重，如利用沧州的核电建立产业园，利用唐山冀东的内陆核电开展核小堆供热示范工程，鼓励衡水、沧州等地区开展低风速风电开发建设等。④积极推进生物质能规模化开发利用，在沧州、邢台以及邯郸东部地区发展多元化生物质能利用方式，重点推进规模化大型沼气工程建设和规模化生物天然气试点工程建设，加快建设承德国家级生物质能供热示范区，推动各类生物质能资源市场化和规模化利用。⑤推进邯郸、邢台的浅层地热能集中供暖制冷项目的开发建设和廊坊、张家口的中深层地热能供暖的开发利用，形成较大规模替代燃煤供热的能力，在承德、廊坊发展以地热种植、地热养殖为主的地热生物质应用，打造北方地热温室示范基地，推进张家口、承德等地的地热旅游资源开发。⑥促进产业创新发展，建设可再生能源产业创新创业集聚区，鼓励引进高端技术人才创业发展，大力引进信息服务、金融服务等专业化中介服务机构，打造可再生能源企业创业服务中心。⑦推进低碳生态示范城市建设，推广节能领域全方位低碳技术的创新。依托河北省唐山市唐山湾新城、石家庄市正定新区、秦皇岛市北戴河新区、沧州市黄骅新城四个生态示范城市，优先试验国家最新低碳生态的政策技术标准，引导绿色交通、绿色市政、绿色建筑等可再生能源专项示范项目优先在这四个示范区建设。

8.6
本章小结

本章对河北省碳排放的驱动要素、政策效果及减排路径进行了应用研究。河北省在开展减碳相关工作时，使用了本书所提出的相关理论方法。通过河北省碳排放关键影响因素和部门解耦驱动要素识别、地区试点政策效果分析及减排路径提出的工作，验证了本书前面所提出的理论方法的有效性、可操作性和现实价值。

具体来说，本章从描述河北省经济增长、能源消费以及碳排放现状入手，识别了影响河北省碳排放的关键因素，从部门因素的角度探析了河北省碳排放与经济增长解耦的驱动要素，研究了低碳政策在河北省试点城市的实施效果，并就影响效果的主要因素进行了分析。最后将本书第7章阐述的各个角度各个维度的区域减排路径融会贯通于河北省减排实践中，着重针对不同要素、不同部门及不同地区提出了河北省碳排放的减排路径。通过本章的应用研究，得到以下主要结论：

（1）本书基于 STIRPAT 所构建的区域碳排放影响因素模型和偏最小二乘法基本能够准确地识别影响碳排放的关键因素，具有较好的系统性。

（2）本书提出的考虑部门因素的区域碳排放与经济增长解耦模型能够探究解耦的状态、驱动要素及部门贡献，便于直观地分析测算结果，具有很好的应用价值。

（3）本书提出的基于双重差分法和合成控制法的区域低碳试点政策实施效果分析方法具有对照组选取具有说服力、结果稳健且便于分析的特点，具有很强的实际操作性和现实应用价值。

（4）本书给出的基于要素、部门及地区的区域减排路径具有很好的方向指导性和系统性，能够指导解决现实的区域碳减排问题。

第9章

结论与展望

本书的主要结论

本书的主要研究成果及结论如下：

（1）区域碳排放的驱动要素、政策效果及减排路径是一个具有理论学术价值和实践意义的重要研究课题。目前可以看到不少有关碳排放影响因素及减排路径的研究成果，但在这些研究成果中能够将科学、规范的方法模型应用于碳排放的相关研究的还显得不够充分，也缺乏系统性。更为重要的是，随着经济社会的发展，碳排放影响因素的重要性程度、解耦状态及驱动因素以及政策效果的显著性也在不断发生变化，需要持续地进行深入研究。因此，无论是从理论方面还是实践方面来说，进一步深入开展区域碳排放驱动要素、政策效果及减排路径方面的研究都具有重要的意义。

（2）区域碳排放影响因素分析对于减少区域碳排放具有重要的引导性作用。通过构建基于STIRPAT和偏最小二乘法的区域碳排放影响因素模型可以有效地识别影响区域碳排放的关键因素，为有针对性地制订区域减排路径提供必要的前提，奠定良好的基础，并对减少区域碳排放起到引导性作用。

（3）区域碳排放与经济增长的解耦驱动要素为：经济水平要素、产业结构要素、能源强度要素、能源结构要素和能源排放系数要素。考虑部门要素对区域整体解耦的影响，解耦驱动要素被进一步分解为部门经济水平要素、部门产业结构要素、部门能源强度要素、部门能源结构要素和部门能源排放系数要素，反映了部门要素对解耦的影响程度，体现了解耦状态的部门贡献。

（4）对区域低碳试点政策的实施效果进行分析，对于进一步提升政策效果具有重要的意义。基于双重差分法和合成控制法分析区域低碳试点政策的减碳效果可以得到比较稳健的结果，并可以有效地识别产生效果的关键因素，为试点城市低碳工作的进一步开展提供依据，对提升政策效果具有重要意义。

（5）区域碳排放的减排路径应当基于要素、部门及地区三个角度来提出。完善区域碳排放及其解耦驱动要素识别方法以及政策效果分析方法，目的在于及时、有效地发现和确认影响区域碳排放的各个角度和各个维度，只有甄别区域碳排放在不同角度不同维度存在的问题及其成因，才能切实准确地遴选减少区域碳排放的有效方法和路径。

9.2
本书的主要贡献

本书的主要贡献如下：

（1）给出了区域碳排放关键影响因素的识别方法。首先，通过深入分析已有相关文献，确定了区域碳排放的影响因素；其次，基于 STIRPAT 及偏最小二乘法，可以识别影响区域碳排放的关键因素，其研究结论为分析和确定影响区域低碳试点政策实施效果的主要因素奠定了基础，并为区域碳排放的减排路径提供了具体的方向。

（2）构建了考虑部门因素的区域碳排放与经济增长的解耦模型。基于区域碳排放解耦状态及解耦驱动要素分析中部门贡献的重要性，构建了考虑部门因素的区域碳排放解耦模型。首先，运用 LMDI 因素分解法对碳排放变动进行了分解；其次，在此基础上构建了基于 LMDI 的区域扩展 Tapio 解耦模型；最后，提出了考虑部门因素的区域碳排放解耦模型。该模型的提出为探究区域及部门碳排放解耦效应的驱动要素，认清区域解耦状态的部门贡献，提出部门减排路径，提供了理论指导和分析框架。

（3）提出了区域低碳试点政策实施效果的分析方法。基于区域低碳试点政策实施效果分析中政策效果的异质性问题，给出了基于双重差分法和合成控制法的区域低碳试点政策实施效果分析方法。首先，构建了基于双重差分法的低碳政策效果分析基本模型和时间趋势模型，用于分析区域整体平均化政策效果和无法通过对照组进行合成的试点城市的政策效果；其次，构建了基于合成控制法的低碳政策效果分析模型，用于分析可以通过对照组进行合成的试点城市的政策效果。使用该方法可以得到比较稳健的政策效果分析结果，便于确定产生效果的关键因素，为试点工作的推广及有针对性地制定地区减排路径提供了大量有价值的参考依据。

（4）给出了区域碳排放的减排路径。基于区域碳排放关键影响因素、部门解耦驱动要素和政策效果分析结果，考虑区域碳排放研究的不同角度和不同维度，分别有针对性地给出区域减排路径，从而为区域减排提供了系统性方案。

（5）进行了区域碳排放的驱动要素、政策效果及减排路径的实证分析。在进行现状分析的基础上，对河北省碳排放关键影响因素的识别、整体及部门解耦状态和解耦驱动要素的分析、地区低碳试点政策实施效果的评价，进行了系统阐述，理清了河北省基于要素、部门及地区三个角度不同维度的减排路径，验证了本书相关研究成果的可行性和有效性，也强化了本书所提出理论和方法的应用价值。

9.3
本书研究的局限

本书试图从区域的视角，系统地分析并探讨影响碳排放的关键因素、碳排放与经济增长的解耦模型、低碳试点政策实施效果及减排路径，但是本书研究仍存在局限性，具体包括：

（1）碳排放影响因素分析方面的局限性。本书采用 STIRPAT 模型和偏最小二乘法来识别区域碳排放的关键影响因素，然而由于现有文献大多是针对影响因素的归纳研究，缺少针对关键影响因素的识别研究，因此，在识别依据的确定过程中加入了作者对已有相关研究的理解和综合，存在着一些主观因素。另外，在建立区域碳排放影响因素模型的过程中，只针对区域整体进行建模，没有对部门进行细分。以上的局限性对碳排放影响因素分析的全面性和准确性在某种程度上可能会有一定的影响。

（2）低碳试点政策实施效果分析方法的局限性。在本书所提出的政策效果分析方法中，分别给出了基于双重差分法的政策效果影响模型和基于合成控制法的政策效果影响模型。由于对照组及其权重组合的确定是建立在区域内非试点城市的碳排放相关指标基础之上，可能会出现拟合效果不好的情况，对政策效果估计结果的稳健性可能会有一定程度的影响。

（3）碳排放驱动要素、政策效果及减排路径应用的局限性。由于实际条件和环境的限制，本书只选取了河北省这一个区域进行了碳排放相关问题的实证分析，对本书中所提出的要素识别方法、解耦模型、政策效果分析方法及减排路径进行了验证，所提出的方法和路径的可行性与有效性还需要在后续的工作中通过更多区域碳排放实践进行进一步的验证。

9.4
对后续研究工作的建议

区域碳排放的驱动要素、政策效果及减排路径是一个重要而复杂的研究问题。虽然本书已在区域碳排放关键影响因素的识别、部门解耦驱动要素的确定、地区低碳试点政策实施效果的分析和减排路径的提出等方面取得了一些研究成果，但是为了不断地满足持续变化的区域碳减排的现实需求，今后仍需要进一步开展区域碳排放驱动要素、政策效果及减排路径的研究，具体包括以下三个方面的研究工作：

（1）需要进一步健全和完善区域碳排放关键影响因素的识别依据。针对区域碳排放影响因素分析方面的局限性，需要继续进行深入的探索，采用实证研究、案例研究等手段，对本书中所确定的区域碳排放关键影响因素识别依据进行验证和修正。同时，也可以尝试将区域碳排放影响因素模型按部门进行细分，进一步探索可以更好地适应减少部门碳排放实际需要的要素识别依据。

（2）需要进一步研究区域低碳试点政策实施效果的分析方法。不同的对照组和其权重组合的选择可能会导致不同的政策效果估计结果。因此，对对照组和其权重组合的确定应给予高度的重视。如何通过实证研究更加科学、合理、有效地选择对照组和其权重组合是一个值得进一步深入研究的课题。

（3）需要进一步增强区域碳排放驱动要素、政策效果及减排路径的实用性和可操作性。对不同区域进行碳排放相关问题的实证分析，并将各区域分析结果相对比，考察区域间的异质性，从而进一步地扩展和增强本书提出方法的可操作性和实用性。

参 考 文 献

［1］ IPCC. Climate Change 2007：the Fourth Assessment Report of the Interg-overmental Panel on Climate Change ［M］. England：Cambridge University Press，2007：11 – 20.

［2］ 宗计川. 低碳战略：世界与中国 ［M］. 北京：科学出版社，2013：10 – 15.

［3］ 付允，马永欢，刘怡君，牛文元. 低碳经济的发展模式研究 ［J］. 中国人口·资源与环境，2008 （3）：14 – 19.

［4］ 中国科学院能源战略研究组. 中国能源可持续发展战略专题研究 ［M］. 北京：科学出版社，2006：15 – 17.

［5］ 中国科学院可持续发展战略研究组. 2015 年中国可持续发展战略报告 ［M］. 北京：科学出版社，2015：56 – 57.

［6］ Lu I J，Lin S J，Lewis C. Decomposition and Decoupling Effects of Carbon Dioxide Emissionfrom Highway Transportation in Taiwan，Germany，Japan and South Korea ［J］. Energy Policy，2007，35 （6）：3226 – 3235.

［7］ 邢继俊，赵刚. 中国要大力发展低碳经济 ［J］. 中国科技论坛，2007 （10）：87 – 92.

［8］ OECD. Indicators to Measure Decoupling of Environmental Pressure from Economic Growth ［R］. Paris：OECD，2002.

［9］ 张成，蔡万焕，于同申. 区域经济增长与碳生产率——基于收敛及脱钩指数的分析 ［J］. 中国工业经济，2013 （5）：18 – 30.

［10］ 张文彬，李国平. 中国区域经济增长及可持续性研究——基于脱钩指数分析 ［J］. 经济地理，2015，35 （11）：8 – 14.

［11］ 刘瑞，王文文，刘笑，张明. 二氧化碳排放与经济增长脱钩关系研究 ［J］. 环境科学与技术，2013，36 （11）：199 – 204.

［12］ 陈跃，王文涛，范英. 区域低碳经济发展评价研究综述 ［J］. 中国人口·资源与环境，2013，23 （4）：124 – 130.

［13］ 倪外. 基于低碳经济的区域发展模式研究 ［D］. 华东师范大

学，2011．

[14] 陆贤伟．低碳试点政策实施效果研究——基于合成控制法的证据 [J]．软科学，2017，31（1）：98－101，109．

[15] 吴青龙，王建明，郭丕斌．开放 STIRPAT 模型的区域碳排放峰值研究——以能源生产区域山西省为例 [J]．资源科学，2018，40（5）：1051－1062．

[16] 王少剑，苏泳娴，赵亚博．中国城市能源消费碳排放的区域差异、空间溢出效应及影响因素 [J]．地理学报，2018，73（3）：414－428．

[17] 韦沁，曲建升，白静等．我国农业碳排放的影响因素和南北区域差异分析 [J]．生态与农村环境学报，2018，34（4）：318－325．

[18] 刘博文，张贤，杨琳．基于 LMDI 的区域产业碳排放脱钩努力研究 [J]．中国人口·资源与环境，2018，28（4）：78－86．

[19] 赵玉焕，孔翠婷，李浩．京津冀地区碳排放与经济增长脱钩研究 [J]．中国能源，2017，39（6）：20－26，15．

[20] 孙叶飞，周敏．中国能源消费碳排放与经济增长脱钩关系及驱动因素研究 [J]．经济与管理评论，2017，33（6）：21－30．

[21] 刘竹，耿涌，薛冰等．中国低碳试点省份碳排放与经济增长关系研究 [J]．资源科学，2011，33（4）：620－625．

[22] 周泽宇，杨秀，徐华清．低碳试点开展碳排放评价工作的探讨 [J]．中国经贸导刊，2017（5）：42－46．

[23] 戴嵘，曹建华．中国首次"低碳试点"政策的减碳效果评价——基于五省八市的 DID 估计 [J]．科技管理研究，2015（12）：56－61．

[24] 邓荣荣．我国首批低碳试点城市建设绩效评价及启示 [J]．经济纵横，2016（8）：41－46．

[25] 冯彤．基于双重差分模型我国低碳试点城市的政策效果评估 [D]．天津大学，2017．

[26] 佟昕．中国区域碳排放差异分析及减排路径研究 [D]．东北大学，2015．

[27] 班斓，袁晓玲，贺斌．中国环境污染的区域差异与减排路径 [J]．西安交通大学学报（社会科学版），2018，38（3）：34－43．

[28] 姚晔，夏炎，范英，蒋茂荣．基于环境生产技术效率的中国 2030 年区域减排目标路径研究 [J]．资源科学，2017，39（12）：2335－2343．

[29] 杨红娟，程元鹏．云南少数民族地区能源碳排放预测及减排路径研究 [J]．经济问题探索，2016（4）：183－190．

参 考 文 献

［30］Kaya Y I. Impact of Carbon Dioxide Emission on GNP Growth：Interpretation of Proposed Scenarios［R］. Presentation to the Energy and Industry Subgroup, Response Strategies Working Group, IPCC, Paris, 1989.

［31］林伯强，刘希颖. 中国城市化阶段的碳排放影响因素和减排策略［J］. 经济研究，2010（8）：66－78.

［32］任晓松，赵涛. 中国碳排放强度及其影响因素间动态因果关系研究——以扩展型 KAYA 公式为视角［J］. 干旱区资源与环境，2014，28（3）：6－10.

［33］Duro J A, Padilla E. International Inequalities in Per Capita CO_2 Emissions：A Decomposition Methodology by Kaya Factors［J］. Energy Economics, 2006, 28（2）：170－187.

［34］陈诗一. 中国碳排放强度的波动下降模式及经济解释［J］. 世界经济，2011（4）：124－143.

［35］朱勤，魏涛远. 居民消费视角下人口城镇化对碳排放的影响［J］. 中国人口·资源与环境，2013，23（11）：21－29.

［36］曲建升，刘莉娜，曾静静等. 中国城乡居民生活碳排放驱动因素分析［J］. 中国人口·资源与环境，2014，24（8）：33－41.

［37］武义青，赵亚南. 京津冀碳排放的地区异质性及减排对策［J］. 经济与管理，2014（5）：13－16.

［38］王常凯，谢宏佐. 中国电力碳排放动态特征及影响因素研究［J］. 中国人口·资源与环境，2015，25（4）：21－27.

［39］王长建，张虹鸥，叶玉瑶等. 1990－2014 年广东省能源消费碳排放因素解析［J］. 科技管理研究，2016，36（17）：241－245.

［40］王喜，张艳，秦耀辰等. 我国碳排放变化影响因素的时空分异与调控［J］. 经济地理，2016，36（8）：158－165.

［41］Ehrlich P R, Holdren J P. The impact of population growth［J］. Science, 1971, 171（3977）：1212－1217.

［42］DietzT, Rosa EA. Rethinking the environmental impacts of population, affluence and technology［J］. Human Ecology Review, 1994（1）：277－300.

［43］York R, Rosa E A, Dietz T. STIRPAT, IPAT and ImPACT：analytic tools for unpacking the driving forces of environmental impacts［J］. Ecological Economics, 2003, 46（3）：351－365.

［44］Kwon T H. Decomposition of factors determining the trend of CO_2 emissions from car travel in Great Britain（1970－2000）［J］. Ecological Economics, 2005, 53

（2）：261 −275.

［45］ Lin S, Zhao D, Marinova D. Analysis of the environmental impact of China based on STIRPAT model ［J］. Environmental Impact Assessment Review, 2009, 29 （6）：341 −347.

［46］ Jia J S, Deng H B, Jing D, et al. Analysis of the major drivers of the ecological footprint using the STIRPAT model and the PLS method − a case study in Henan Province, China ［J］. Ecological Economics, 2009, 68 （11）：2818 −2824.

［47］ 林伯强，蒋竺均. 中国二氧化碳的环境库兹涅茨曲线预测及影响因素分析 ［J］. 管理世界, 2009 （4）：27 −36.

［48］ Liddle B, Lung S. Age − structure, urbanization and climate change indeveloped countries：revisiting STIRPAT for disaggregated population and consumption − related environmental impacts ［J］. Population Environment, 2010, 31 （5）：317 −343.

［49］ Cheng Z, Li L, Liu J, et al. Total − factor carbon emission efficiency of China's provincial industrial sector and its dynamic evolution ［J］. Renewable & Sustainable Energy Reviews, 2018 （94）：330 −339.

［50］ 李国志，李宗植. 中国二氧化碳排放的区域差异和影响因素研究 ［J］. 中国人口·资源与环境, 2010, 20 （5）：22 −27.

［51］ Dong F, Yu B, Hadachin T, et al. Drivers of carbon emission intensity change in China ［J］. Resources Conservation & Recycling, 2018 （129）：187 −201.

［52］ 宋德勇，徐安. 中国城镇碳排放的区域差异和影响因素 ［J］. 中国人口·资源与环境, 2011, 21 （11）：8 −14.

［53］ 宋杰鲲. 基于 STIRPAT 和偏最小二乘回归的碳排放预测模型 ［J］. 统计与决策, 2011 （24）：19 −22.

［54］ Shao S, Yang L, Yu M, et al. Estimation, characteristics, and determinants of energy − related industrial CO_2 emissions in Shanghai （China）, 1994 −2009 ［J］. Energy Policy, 2011, 39 （10）：6476 −6494.

［55］ Roberts T D. Applying the STIRPAT model in a post − Fordist landscape：Can a traditional econometric model work at the local level? ［J］. Applied Geography, 2011, 31 （2）：731 −739.

［56］ Wang M, Che C, Yang K, et al. A local − scale low − carbon plan based on the STIRPAT model and the scenario method：The case of Minhang District, Shanghai, China ［J］ Energy Policy, 2011, 39 （11）：6981 −6990.

［57］ Li H, Mu H, Zhang M, et al. Analysis on influence factors of China's CO_2

emissions based on Path – STIRPAT model [J] Energy Policy, 2011, 39 (1): 6906 – 6911.

[58] 陈志建, 王铮. 中国地方政府碳减排压力驱动因素的省际差异——基于 STIRPAT 模型 [J]. 资源科学, 2012, 34 (4): 718 – 724.

[59] Hubacek K, Feng K, Chen B. Changing lifestyles towards a low carbon economy: an IPAT analysis for China [J]. Energies, 2012, 5 (1): 22 – 31.

[60] Zhang C, Lin Y. Panel estimation for urbanization, energy consumption and CO_2 emissions: A regional analysis in China [J]. Energy Policy, 2012, 49 (10): 488 – 498.

[61] Li H, Mu H, Zhang M, et al. Analysis of regional difference on impact factors of China's energy e Related CO_2 Emissions [J]. Energy, 2012, 39 (1): 319 – 326.

[62] Meng M, Niu D, Shang W. CO_2 emissions and economic development: China's 12th five – year plan [J]. Energy Policy, 2012 (42): 468 – 475.

[63] Wang Z, Yin F, Zhang Y, et al. An empirical research on the influencing factors of regional CO_2 emissions: Evidence from Beijing city, China [J]. Applied Energy, 2012, 100 (4): 277 – 284.

[64] 焦文献, 陈兴鹏. 基于 STIRPAT 模型的甘肃省环境影响分析——以 1991 –2009年能源消费为例 [J]. 长江流域资源与环境, 2012, 21 (1): 105 – 110.

[65] 张乐勤, 李荣富, 陈素平等. 安徽省 1995 – 2009 年能源消费碳排放驱动因子分析及趋势预测——基于 STIRPAT 模型 [J]. 资源科学, 2012, 34 (2): 316 – 327.

[66] 张丽峰. 北京碳排放与经济增长间关系的实证研究——基于 EKC 和 STIRPAT 模型 [J]. 技术经济, 2013, 32 (1): 90 – 95.

[67] Wang P, Wu W, Zhu B, et al. Examining the impact factors of energy – related CO_2 emissions using the STIRPAT model in Guangdong Province, China [J]. Applied Energy, 2013, 106 (11): 65 – 71.

[68] Liddle B. Urban density and climate change: a STIRPAT analysis using city – level data [J]. Journal of Transport Geography, 2013, 28 (3): 22 – 29.

[69] Yue T, Long R, Chen H, et al. The optimal CO_2 emissions reduction path in Jiangsu province: An expanded IPAT approach [J]. Applied Energy, 2013, 112 (4): 1510 – 1517.

[70] Brizga J, Feng K, Hubacek K. Drivers of CO_2 emissions in the former Soviet Union: A country level IPAT analysis from 1990 to 2010 [J]. Energy, 2013 (59):

743 – 753.

[71] Liddle B. Population, affluence, and environmental impact across develop-ment: Evidence from panel cointegration modeling [J]. Environmental Modelling & Software, 2013, 40 (2): 255 – 266.

[72] Zhang C, Nian J. Panel estimation for transport sector CO_2 emissions and its affecting factors: A regional analysis in China [J]. Energy Policy, 2013, 63 (4): 918 – 926.

[73] Bargaoui S A, Liouane N, Nouri F Z. Environmental Impact Determinants: An Empirical Analysis based on the STIRPAT Model [J]. Procedia – Social and Be-havioral Sciences, 2014, 109 (2): 449 – 458.

[74] Salim R A, Shafiei S. Urbanization and renewable and non – renewable en-ergy consumption in OECD countries: An empirical analysis [J]. Economic Modelling, 2014, 38 (C): 581 – 591.

[75] 刘丽辉, 徐军. 基于扩展的 STIRPAT 模型的广东农业碳排放影响因素分析 [J]. 科技管理研究, 2016, 36 (6): 250 – 255.

[76] Ma M, Shen L, Ren H, et al. How to Measure Carbon Emission Reduction in China's Public Building Sector: Retrospective Decomposition Analysis Based on STIRPAT Model in 2000 – 2015 [J]. Sustainability, 2017, 9 (10): 1744.

[77] Wang C, Wang F, Zhang X, et al. Examining the driving factors of energy related carbon emissions using the extended STIRPAT model based on IPAT identity in Xinjiang [J]. Renewable & Sustainable Energy Reviews, 2017 (67): 51 – 61.

[78] Shuai C, Shen L, Jiao L, et al. Identifying key impact factors on carbon emission: Evidences from panel and time – series data of 125 countries from 1990 to 2011 [J]. Applied Energy, 2017 (187): 310 – 325.

[79] Christodoulakis N M, Kalyvitis S C, Lalas D P, et al. Forecasting energy-consumption and energy related CO_2 emission in Greece: An evaluation of the conse-quences of the Community Support Framework II and natural gas penetration [J]. En-ergy Economics, 2000, 22 (4): 395 – 422.

[80] Weber C, Perrels A. Modeling life style effects on energy demand and relat-edemission [J]. Energy Policy, 2000, 28 (8): 549 – 566.

[81] Kang I B. Multi – period forecasting using different models for different ho-rizons: an application to U. S. economic time series data [J]. International Journal of Forecasting, 2003, 19 (3): 387 – 400.

参 考 文 献

[82] Frame I. An introduction to a simple modelling tool to evaluate the annual energyconsumption and carbon dioxide emissions from non – domesticbuildings [J]. StructuralSurvey, 2005, 23 (1): 30 – 41.

[83] Tsekouras G J, Dialynas E N, Hatziargyriou N D, et al. A non – linear multivariable regression model for midterm energy forecasting of power systems [J]. ElectricPower Systems Research, 2007, 77 (12): 1560 – 1568.

[84] Adams F G, Shachmurove Y. Modeling and forecasting energy consumption in China: Implications for Chinese energy demand and imports in 2020 [J]. Energy Economics, 2008, 30 (3): 1263 – 1278.

[85] Abdel – Aal R E. Univariate modeling and forecasting of monthly energy demand time series using abductive and neural networks [J]. Computers & Industrial Engineering, 2008, 54 (4): 903 – 917.

[86] Vuuren D P V. Comparison of top – down and bottom – up estimates of sectoral andregional greenhouse gas emission reduction potentials [J]. Energy Policy, 2009, 37 (12): 5125 – 5139.

[87] Kazemi A, Amir F A, Hosseinzadeh M. A Multi – Level Fuzzy Linear Regression Model for Forecasting Industry Energy Demand of Iran [J]. Procedia – Social and Behavioral Sciences, 2012 (41): 342 – 348.

[88] Suganthi L, Samuel A A. Energy models for demand forecasting – A review [J]. Renewable and Sustainable Energy Reviews, 2012, 16 (2): 1223 – 1240.

[89] Mestekemper T, Kauermann G, Smith M S. A comparison of periodic autoregressive and dynamic factor models in intraday energy demand forecasting [J]. International Journal of Forecasting, 2013, 29 (1): 1 – 12.

[90] 冯述虎, 侯运炳. 基于时序分析与神经网络的能源产量预测模型 [J]. 辽宁工程技术大学学报 (自然科学版), 2003, 22 (2): 168 – 171.

[91] 卢奇, 顾培亮, 邱世明等. 组合预测模型在我国能源消费系统中的建构及应用 [J]. 系统工程理论与实践, 2003, 23 (3): 24 – 30.

[92] 李亮, 孙廷容, 黄强等. 灰色GM (1, 1) 和神经网络组合的能源预测模型 [J]. 能源研究与利用, 2005 (1): 10 – 13.

[93] 王会强, 胡丹. 能源需求组合预测模型的构建和应用研究 [J]. 中国能源, 2007, 29 (8): 38 – 40.

[94] 张淑娟, 赵飞. 基于Shapley值的农机总动力组合预测方法 [J]. 农业机械学报, 2008, 39 (5): 60 – 64.

[95] 孙爱存. 几种能源产量预测模型的预测效果比较 [J]. 统计与决策, 2008 (9): 159-160.

[96] 周强. 灰色马尔可夫链预测模型对我国能源需求量的预测 [J]. 重庆科技学院学报 (自然科学版), 2009, 11 (3): 179-182.

[97] 谢妍, 李牧. 基于遗传算法优化的 GM (1, 1) 能源预测模型研究 [J]. 中国管理信息化, 2009, 12 (19): 95-97.

[98] 朱晓曦, 张潜. 基于 Shapley 值的组合预测方法在福建省农业总产值预测中的应用 [J]. 安徽农业科学, 2010, 38 (9): 4419-4421.

[99] 索瑞霞, 王福林. 组合预测模型在能源消费预测中的应用 [J]. 数学的实践与认识, 2010, 40 (18): 80-85.

[100] 孙涵, 杨普容, 成金华等. 基于 Matlab 支持向量回归机的能源需求预测模型 [J]. 系统工程理论与实践, 2011, 31 (10): 2001-2007.

[101] 陶然, 蔡云泽, 楼振飞等. 国内外能源预测模型和能源安全评价体系研究综述 [J]. 上海节能, 2012 (1): 16-21.

[102] 赵爱文, 李东. 中国碳排放灰色预测 [J]. 数学的实践与认识, 2012, 42 (4): 61-69.

[103] 黄金碧, 黄贤金. 江苏省城市碳排放核算及减排潜力分析 [J]. 生态经济, 2012 (1): 49-53.

[104] 张传平, 聂静, 周倩倩等. 2015 年中国二氧化碳排放预测 [J]. 中国石油大学学报: 社会科学版, 2012, 28 (5): 1-4.

[105] 秦晋栋. 基于熵权灰色组合预测模型的区域能源需求预测研究 [J]. 价值工程, 2012, 31 (4): 289-291.

[106] 赵息, 齐建民, 刘广为等. 基于离散二阶差分算法的中国碳排放预测 [J]. 干旱区资源与环境, 2013, 27 (1): 63-69.

[107] 王彦彭. 河南省能源消费碳排放的演变与预测 [J]. 企业经济, 2013 (6): 26-32.

[108] 曹昶, 樊重俊. 上海市碳排放影响因素的灰色关联分析与预测 [J]. 上海理工大学学报, 2013, 35 (5): 484-488.

[109] 任晓松, 赵国浩. 中国工业碳排放及其影响因素灰色预测分析——基于 STIRPAT 模型 [J]. 北京交通大学学报 (社会科学版), 2014 (4): 18-24.

[110] 王东, 吴长兰. 广东碳排放现状及预测研究 [J]. 开放导报, 2015 (6): 91-94.

[111] 彭鹃, 肖伟, 魏庆琦等. 中国碳排放福利绩效分析与预测 [J]. 科

技管理研究, 2015, 35 (22): 234 - 238, 252.

[112] 马海良, 张红艳, 吴凤平等. 基于情景分析法的中国碳排放分配预测研究 [J]. 软科学, 2016, 30 (10): 75 - 78.

[113] 顾剑华, 秦敬云. 中国城市化进程碳增量效应的因素分解研究及预测 [J]. 生态经济, 2016, 32 (5): 44 - 47.

[114] 王永哲, 马立平. 吉林省能源消费碳排放相关影响因素分析及预测——基于灰色关联分析和 GM (1, 1) 模型 [J]. 生态经济, 2016, 32 (11): 65 - 70.

[115] 唐德才, 吴梅. 2013—2020 年江苏省碳排放驱动因素趋势预测 [J]. 生态经济, 2016, 32 (1): 63 - 67, 81.

[116] Juknys R. Transition Period in Lithuania - Do We Move to Sustainability [J]. Environmental Research, Engineering and Management, 2003, 4 (26): 4 - 9.

[117] Tapio P. Towards a Theory of Decoupling: Degrees of Decoupling in the EU and the Case of Road Traffic in Finland between 1970 and 2001 [J]. Journal of Transport Policy, 2005, 12 (2): 137 - 151.

[118] 杨振. 我国经济发展与能源消费解耦潜力评价 [J]. 甘肃科学学报, 2011, 3 (23): 139 - 143.

[119] 陈浩, 曾娟. 武汉市经济发展与能源消耗的解耦分析 [J]. 华中农业大学学报 (社会科学版), 2011 (6): 90 - 95.

[120] 梁日忠. 上海市经济增长与能源结构、产业结构关联状况的评价研究 [J]. 华东经济管理, 2014 (1): 42 - 46.

[121] 关雪凌, 周敏. 城镇化进程中经济增长与能源消费的解耦分析 [J]. 经济问题探索, 2015 (4): 88 - 93.

[122] 王笑天, 焦文献, 陈兴鹏等. 河南省能源消费特征及影响因素分析 [J]. 地域研究与开发, 2016, 35 (1): 144 - 149.

[123] Wang F, Wang C, Su Y, et al. Decomposition Analysis of Carbon Emission Factors from Energy Consumption in Guangdong Province from 1990 to 2014 [J]. Sustainability, 2017, 9 (2): 274.

[124] 庄贵阳. 低碳经济: 气候变化背景下中国的发展之路 [M]. 北京: 气象出版社, 2007: 67 - 68.

[125] 李忠民, 姚宇, 庆东瑞. 产业发展、GDP 增长与二氧化碳排放解耦关系研究——以山西省建筑业为例 [J]. 统计与决策, 2010 (10): 108 - 111.

[126] Freitas LC D, KanekoS. Decomposing the Decoupling of CO_2 Emissions and

Economic Growth in Brazil [J]. Ecological Economics, 2011, 70 (8): 1459 – 1469.

[127] 杨嵘, 常烜钰. 西部地区碳排放与经济增长关系的解耦及驱动因素 [J]. 经济地理, 2012, 32 (12): 34 – 39.

[128] 王欢芳, 胡振华. 中国制造行业发展与碳排放解耦测度研究 [J]. 科学学研究, 2012, 30 (11): 1671 – 1675.

[129] 梁日忠, 张林浩. 1990 – 2008 年中国化学工业碳排放解耦和反弹效应研究 [J]. 资源科学, 2013, 35 (2): 268 – 274.

[130] 吴振信, 石佳. 北京地区碳排放与经济增长解耦状态实证研究 [J]. 数学的实践与认识, 2013, 43 (2): 47 – 54.

[131] 张玉梅, 乔娟. 都市农业发展与碳排放解耦关系分析——基于解耦理论的 Tapio 弹性分析法 [J]. 经济问题, 2014 (10): 81 – 86.

[132] 李影. 地区能源利用、碳排放与经济增长——基于解耦理论的实证分析 [J]. 工业技术经济, 2015 (8): 31 – 39.

[133] 杜祥琬, 杨波, 刘晓龙等. 中国经济发展与能源消费及碳排放解耦分析 [J]. 中国人口·资源与环境, 2015, 25 (12): 1 – 7.

[134] 齐绍洲, 林屾, 王班班等. 中部六省经济增长方式对区域碳排放的影响——基于 Tapio 解耦模型、面板数据的滞后期工具变量法的研究 [J]. 中国人口·资源与环境, 2015 (5): 59 – 66.

[135] 许永兵, 翟佳羽. 河北省能源消费、碳排放与经济增长关系研究 [J]. 经济与管理, 2016, 30 (5): 30 – 37.

[136] 李云燕, 赵国龙. 我国超大城市碳排放与经济增长关系的实证研究 [J]. 工业技术经济, 2016, 35 (10): 138 – 147.

[137] 卢娜, 冯淑怡, 孙华平等. 江苏省不同产业碳排放解耦及影响因素研究 [J]. 生态经济, 2017, 33 (3): 71 – 75.

[138] Zhou X, Zhang M, Zhou M, et al. A comparative study on decoupling relationship and influence factors between China's regional economic development and industrial energy – related carbon emissions [J]. Journal of Cleaner Production, 2017 (142): 783 – 800.

[139] 查建平, 唐方方, 傅浩. 中国能源消费、碳排放与工业经济增长 [J]. 当代经济科学, 2011 (11): 81 – 90.

[140] 赵爱文, 李东. 中国碳排放与经济增长间解耦关系的实证分析 [J]. 技术经济, 2013, 32 (1): 106 – 111.

[141] 刘其涛. 碳排放与经济增长解耦关系的实证分析——以河南省为例

[J]．经济经纬，2014，31（6）：132 – 136.

[142] 郑凌霄，周敏．我国碳排放与经济增长的解耦关系及驱动因素研究 [J]．工业技术经济，2015（9）：19 – 25.

[143] 李晨，迟萍，邵桂兰等．我国远洋渔业碳排放与行业经济增长的响应关系研究——基于解耦理论与 LMDI 分解的实证分析 [J]．科技管理研究，2016，36（6）：233 – 237，244.

[144] 史常亮，郭焱，占鹏等．中国农业能源消费碳排放驱动因素及解耦效应 [J]．中国科技论坛，2017（1）：136 – 143.

[145] Zhao X，Zhang X，Li N，et al. Decoupling economic growth from carbon dioxide emissions in China：A sectoral factor decomposition analysis [J]．Journal of Cleaner Production，2017（142）：3500 – 3516.

[146] 王赣华．中国首批低碳试点省份碳排放与经济增长解耦关系研究 [J]．桂林理工大学学报，2013（4）：699 – 705.

[147] 刘骏，何轶．我国低碳试点城市碳排放与经济增长解耦分析 [J]．科技进步与对策，2015（8）：51 – 55.

[148] 刘骏．中国试点低碳城市能源解耦指数的测度与因素分解 [J]．统计与决策，2016（1）：94 – 98.

[149] 宋祺佼，吕斌．城市低碳发展与新型城镇化耦合协调研究——以中国低碳试点城市为例 [J]．北京理工大学学报（社会科学版），2017，19（2）：20 – 27.

[150] 刘健，王润，孙艳伟等．中国低碳试点省份发展路径研究 [J]．中国人口·资源与环境，2012，22（3）：56 – 62.

[151] 张征华，柳华．低碳试点城市南昌市工业碳排放现状分析与思考 [J]．江西社会科学，2012（8）：71 – 75.

[152] 丁丁，杨秀．我国低碳发展试点工作进展分析及政策建议 [J]．经济研究参考，2013（43）：92 – 96.

[153] 贾卓，陈兴鹏，善孝玺等．低碳试点省份工业部门低碳化转型实现路径——以陕西省为例 [J]．软科学，2013，27（3）：85 – 89.

[154] 王赣华，秦艳辉．中国首批低碳试点省份碳足迹的时空格局分析 [J]．桂林理工大学学报，2014（2）：371 – 375.

[155] 宋祺佼，王宇飞，齐晔等．中国低碳试点城市的碳排放现状 [J]．中国人口·资源与环境，2015，25（1）：78 – 82.

[156] 丁丁，蔡蒙，付琳等．基于指标体系的低碳试点城市评价 [J]．中

国人口·资源与环境，2015（10）：1-10.

[157] 解利剑，周素红，闫小培. 国内外"低碳发展"研究进展及展望 [J]. 人文地理，2011，26（1）：19-23，70.

[158] 张友国. 区域碳减排的经济学研究评述 [J]. 学术研究，2017（1）：102-109，178.

[159] 李春艳，漆明亮. 区域碳排放研究进展与趋势 [J]. 科学咨询（科技·管理），2017（9）：11-12.

[160] 柯水发，王亚，陈奕钢，刘爱玉. 北京市交通运输业碳排放及减排情景分析 [J]. 中国人口·资源与环境，2015，25（6）：81-88.

[161] 梁朝晖. 上海市碳排放的历史特征与远期趋势分析 [J]. 上海经济研究，2009（7）：79-87.

[162] 张秀媛，杨新苗，闫琰. 城市交通能耗和碳排放统计测算方法研究 [J]. 中国软科学，2014（6）：142-150.

[163] 高标，许清涛，李玉波，何欢. 吉林省交通运输能源消费碳排放测算与驱动因子分析 [J]. 经济地理，2013，33（9）：25-30.

[164] 刘学之，孙鑫，朱乾坤，尚玥佟. 中国二氧化碳排放量相关计量方法研究综述 [J]. 生态经济，2017，33（11）：21-27.

[165] 张晓梅，庄贵阳. 中国省际区域碳减排差异问题的研究进展 [J]. 中国人口·资源与环境，2015，25（2）：135-143.

[166] 曹广喜，杨灵娟. 基于间接碳排放的中国经济增长、能源消耗与碳排放的关系研究——1995—2007年细分行业面板数据 [J]. 软科学，2012，26（9）：1-6.

[167] 余晓钟，辜穗，刘昊达. 不同类型区域减排的技术经济路径研究 [J]. 科技管理研究，2015，35（16）：220-224.

[168] 佟昕，李学森. 区域碳排放和减排路径文献前沿理论综述 [J]. 经济问题探索，2017（1）：169-176.

[169] Solomon S. IPCC（2007）：Climate Change The Physical Science Basis [C]. AGU Fall Meeting Abstracts，2007：123-124.

[170] Papers H O C. Our Energy Future：Creating a Low Carbon Economy [J]. UK Energy White Paper，2003.

[171] 任小波，曲建升，张志强. 气候变化及其适应与减缓行动的经济学评估——英国斯特恩报告关键内容解析 [J]. 科学新闻，2008（2）：14-16.

[172] 黄磊，李巧萍，徐影等. 气候变暖时不我待——解读《中国应对气

候变化国家方案》[J]. 中国减灾，2007（7）：12 – 13.

[173] 杜志华，杜群. 气候变化的国际法发展：从温室效应理论到《联合国气候变化框架公约》[J]. 现代法学，2002，24（5）：145 – 149.

[174] 曹清尧. 西部地区低碳经济发展研究 [D]. 北京林业大学，2013.

[175] 周欣. 如何从高碳经济向低碳经济转变探讨 [J]. 经济技术协作信息，2015（16）：8.

[176] 范德成，王韶华，张伟. 低碳经济目标下一次能源消费结构影响因素分析 [J]. 资源科学，2012，34（4）：696 – 703.

[177] 王卫彬. 以低碳技术为支撑发展低碳经济 [J]. 中国矿业，2011，20（5）：23 – 26.

[178] 李建建，马晓飞. 中国步入低碳经济时代——探索中国特色的低碳之路 [J]. 广东社会科学，2009（6）：52 – 55.

[179] 孙晓伟. 论我国发展低碳经济的制度安排 [J]. 现代经济探讨，2010（3）：10 – 14.

[180] 高宏星. 论低碳经济发展的制度创新 [J]. 华北电力大学学报（社会科学版），2012（6）：1 – 4.

[181] 许慧. 低碳经济发展中的政府作用：国际经验与启示 [J]. 财政研究，2014（5）：65 – 68.

[182] 范凤岩. 北京市碳排放影响因素与减排政策研究 [D]. 中国地质大学（北京），2016.

[183] 李云燕，赵国龙. 中国低碳城市建设研究综述 [J]. 生态经济，2015，31（2）：36 – 43.

[184] 夏堃堡. 发展低碳经济实现城市可持续发展 [J]. 环境保护，2008（3）：33 – 35.

[185] 付允，刘怡君，汪云林. 低碳城市的评价方法与支撑体系研究 [J]. 中国人口·资源与环境，2010，20（8）：44 – 47.

[186] 辛章平，张银太. 低碳经济与低碳城市 [J]. 城市发展研究，2008（4）：98 – 102.

[187] 戴亦欣. 中国低碳城市发展的必要性和治理模式分析 [J]. 中国人口·资源与环境，2009，19（3）：12 – 17.

[188] 中国科学院可持续发展战略研究组. 2009 中国可持续发展战略报告：探索中国特色的低碳道路 [M]. 北京：科学出版社，2009：11 – 15.

[189] 陈飞，诸大建. 低碳城市研究的内涵、模型与目标策略确定 [J].

城市规划学刊, 2009 (4): 7 - 13.

[190] 罗栋燊. 低碳城市建设若干问题研究 [D]. 福建师范大学, 2011.

[191] Bringezu S, Schütz H, Moll S. Towards sustainable resource management in the European Union [J]. Wuppertal Papers, 2002 (2): 67 - 73.

[192] Bruyn S M D, Opschoor J B. Developments in the throughput - income relationship: theoretical and empirical observations [J]. Ecological Economics, 1997, 20 (3): 255 - 268.

[193] 邓聚龙. 灰色控制系统 [J]. 华中工学院学报, 1982 (3): 11 - 20.

[194] 邓聚龙. 灰色系统理论教程 [M]. 武汉: 华中理工大学出版社, 1990: 78 - 80.

[195] 邓聚龙. 灰理论基础 [M]. 武汉: 华中科技大学出版社, 2002: 23 - 35.

[196] 刘思峰. 灰色系统理论及其应用 [M]. 北京: 科学出版社, 2008: 55 - 60.

[197] 黎孔清, 陈俭军, 马豆豆. 基于 STIRPAT 和 GM (1, 1) 模型的湖南省农地投入碳排放增长机理及趋势预测 [J]. 长江流域资源与环境, 2018, 27 (2): 345 - 352.

[198] 邓聚龙. 灰预测与灰决策 [M]. 武汉: 华中科技大学出版社, 2002: 37 - 51.

[199] IPCC. Greenhouse Gas Inventory: IPCC Guidelines for National GreenhouseGas Inventories [R]. United Kingdom Meteorological Office, Bracknell, England, 2006.

[200] Grossman G M, Krueger A B. Economic Growth and the Environment [J]. Nber Working Papers, 1995, 110 (2): 353 - 377.

[201] Antweiler W, Copeland B R, Taylor M S. Is Free Trade Good for the Environment? [J]. Nber Working Papers, 2001, 91 (4): 877 - 908.

[202] 查冬兰, 周德群. 地区能源效率与二氧化碳排放的差异性——基于 Kaya 因素分解 [J]. 系统工程, 2007, 25 (11): 65 - 71.

[203] 梁进社, 郑蔚, 蔡建明. 中国能源消费增长的分解——基于投入产出方法 [J]. 自然资源学报, 2007, 22 (6): 853 - 864.

[204] Zhang Z X. Why did the energy intensity fall in China's industrial sector in the 1990s? The relative importance of structural change and intensity change [J]. Energy Economics, 2003, 25 (6): 625 - 638.

参考文献

［205］徐国泉，刘则渊，姜照华. 中国碳排放的因素分解模型及实证分析：1995—2004［J］. 中国人口·资源与环境，2006，16（6）：158－161.

［206］Ang B W. The LMDI approach to decomposition analysis：a practical guide［J］. Energy Policy，2005，33（7）：867－871.

［207］程郁泰，张纳军. 碳排放 IDA 模型的算法比较及应用研究［J］. 统计与信息论坛，2017，32（5）：10－17.

［208］范丹，王维国. 中国产业能源消费碳排放变化的因素分解——基于广义 GFI 的指数分解［J］. 系统工程，2012，30（11）：48－54.

［209］王永哲，马立平，徐宪红. 中国能源消费的碳排放因素分解分析［J］. 价格理论与实践，2015（12）：59－61.

［210］岳瑞锋，朱永杰. 1990—2007 年中国能源碳排放的省域聚类分析［J］. 技术经济，2010，29（3）：40－45.

［211］Shafik N，Bandyopadhyay S. Economic Growth and Environmental Quality：Time Series and Cross－Country Evidence［J］. Policy Research Working Paper，1992，904.

［212］Paul S，Bhattacharya R N. CO_2 emission from energy use in India：a decomposition analysis［J］. Energy Policy，2004，32（5）：585－593.

［213］Wang C，Chen J，Zou J. Decomposition of energy－related CO_2 emission in China：1957－2000［J］. Energy，2005，30（1）：73－83.

［214］李国志，李宗植. 我国二氧化碳排放的特点及影响因素分析［J］. 广西财经学院学报，2011，24（1）：56－62.

［215］魏巍贤，杨芳. 技术进步对中国二氧化碳排放的影响［J］. 统计研究，2010，27（7）：36－44.

［216］李玉玲，李世平，祁静静. 陕西省土地利用碳排放影响因素及解耦效应分析［J］. 水土保持研究，2018，25（1）：382－390.

［217］Lee C T，Hashim H，Ho C S，et al. Sustaining the low－carbon emission development in Asia and beyond：Sustainable energy，water，transportation and low－carbon emission technology［J］. Journal of Cleaner Production，2017（146）：1－13.

［218］王泳璇，张觉丹，丁哲，王宪恩. 不同经济水平地区交通碳排放影响因素研究［J］. 生态经济，2017，33（12）：28－33，40.

［219］鲁万波，仇婷婷，杜磊. 中国不同经济增长阶段碳排放影响因素研究［J］. 经济研究，2013，48（4）：106－118.

［220］Siddiqi T A. The Asian Financial Crisis－is it good for the global environment? [J]. Global Environmental Change, 2000, 10 (1): 1 – 7.

[221] Maruotti A. The impact of urbanization on CO_2 emissions: Evidence from developing countries [J]. Ecological Economics, 2008, 70 (7): 1344 – 1353.

[222] Poumanyvong P, Kaneko S. Does urbanization lead to less energy use and lower CO_2, emissions? A cross – country analysis [J]. Ecological Economics, 2010, 70 (2): 434 – 444.

[223] Puliafito S E, Puliafito J L, Grand M C. Modeling population dynamics and economic growth as competing species: An application to CO_2, global emissions [J]. Ecological Economics, 2008, 65 (3): 602 – 615.

[224] 韩梦瑶, 刘卫东, 唐志鹏等. 世界主要国家碳排放影响因素分析——基于变系数面板模型 [J]. 资源科学, 2017, 39 (12): 2420 – 2429.

[225] 黄蕊, 王铮, 丁冠群等. 基于 STIRPAT 模型的江苏省能源消费碳排放影响因素分析及趋势预测 [J]. 地理研究, 2016, 35 (4): 781 – 789.

[226] 邱立新, 徐海涛. 中国城市群碳排放时空演变及影响因素分析 [J]. 软科学, 2018, 32 (1): 109 – 113.

[227] 陈邦丽, 徐美萍. 中国碳排放影响因素分析——基于面板数据 STIRPAT – Alasso 模型实证研究 [J]. 生态经济, 2018, 34 (1): 20 – 24, 48.

[228] 张勇, 张乐勤, 包婷婷. 安徽省城市化进程中的碳排放影响因素研究——基于 STIRPAT 模型 [J]. 长江流域资源与环境, 2014, 23 (4): 512 – 517.

[229] 王世进, 周敏. 我国碳排放影响因素的区域差异研究 [J]. 统计与决策, 2013 (12): 102 – 104.

[230] 郭沛, 连慧君, 丛建辉. 山西省碳排放影响因素分解——基于 LMDI 模型的实证研究 [J]. 资源开发与市场, 2016, 32 (3): 308 – 312.

[231] 王长建, 汪菲, 张虹鸥. 新疆能源消费碳排放过程及其影响因素——基于扩展的 Kaya 恒等式 [J]. 生态学报, 2016, 36 (8): 2151 – 2163.

[232] 李百吉, 张倩倩. 京津冀地区碳排放因素分解——兼论"新常态"下的变动趋势 [J]. 生态经济, 2017, 33 (4): 19 – 24.

[233] 冯博, 王雪青. 中国各省建筑业碳排放解耦及影响因素研究 [J]. 中国人口·资源与环境, 2015, 25 (4): 28 – 34.

[234] 李湘梅, 叶慧君. 中国工业分行业碳排放影响因素分解研究 [J]. 生态经济, 2015, 31 (1): 55 – 59, 84.

[235] 李跃, 张士强, 张翼. 考虑非能耗的煤炭产业碳排放驱动因素研究——基于 LMDI 模型的实证分析 [J]. 江苏社会科学, 2017 (1): 23 – 31.

参 考 文 献

［236］汪臻，汝醒君．基于指数分解的居民生活用能碳排放影响因素研究［J］．生态经济，2015，31（4）：51－55．

［237］范如国，吴洋．能源价格对碳排放调节影响的 Granger 检验及层级回归分析［J］．统计与决策，2015（19）：115－118．

［238］邱强，顾尤莉．国际能源价格波动对我国碳排放影响的效应研究——基于岭回归分析［J］．国际商务研究，2017，38（5）：35－46．

［239］Wang X，Zhu Y，Sun H，et al. Production decisions of new and remanufactured products：Implications for low carbon emission economy［J］. Journal of Cleaner Production，2018，171.

［240］Zhou Z，Liu C，Zeng X，et al. Carbon Emission Performance Evaluation and Allocation in Chinese Cities［J］. Journal of Cleaner Production，2018，172.

［241］陈操操，刘春兰，汪浩等．北京市能源消费碳足迹影响因素分析——基于 STIRPAT 模型和偏小二乘模型［J］．中国环境科学，2014，34（6）：1622－1632．

［242］Wang Z，Yin F，Zhang Y，et al. An empirical research on the influencing factors of regional CO_2 emissions：Evidence from Beijing city，China［J］. Applied Energy，2012，100（4）：277－284.

［243］吴玉鸣，李建霞．中国省域能源消费的空间计量经济分析［J］．中国人口·资源与环境，2008，18（3）：93－98．

［244］Ehrlich P R，Holden J P. One－dimensional economy［J］. Bulletin of the Atomic Scientists，1972，28（5）：16－27.

［245］Shen L，Wu Y，Lou Y，et al. What drives the carbon emission in the Chinese cities？－A case of pilot low carbon city of Beijing［J］. Journal of Cleaner Production，2018，174.

［246］王永刚，王旭，孙长虹等．IPAT 及其扩展模型的应用研究进展［J］．应用生态学报，2015，26（3）：949－957．

［247］York R，Rosa E A，Dietz T. STIRPAT，IPAT and impact：analytic tools for unpacking the driving forces of environmental impacts［J］. Ecological Economics，2003，46（3）：351－365.

［248］赫永达，刘智超，孙巍．能源强度视角下中国"环境库兹涅茨曲线"的一个新解释［J］．河北经贸大学学报，2017，38（3）：41－49．

［249］Gill A R，Viswanathan K K，Hassan S. A test of environmental Kuznets curve（EKC）for carbon emission and potential of renewable energy to reduce green houses gases（GHG）in Malaysia［J］. Environment Development & Sustainability，

2018, 20 (2): 1-12.

[250] 沈满洪, 许云华. 一种新型的环境库兹涅茨曲线——浙江省工业化进程中经济增长与环境变迁的关系研究 [J]. 浙江社会科学, 2000 (4): 53-57.

[251] Wold S, Albano C, Dunn W J I, et al. Pattern recognition: finding and usingregularities in multivariate data [C]. Proceedings of Food Research and Data Analysis. London, UK: Applied Science Pub, 1983: 146-189.

[252] 王惠文, 吴载斌, 孟洁. 偏最小二乘回归的线性与非线性方法 [M]. 北京: 国防工业出版社, 2006: 78-81.

[253] 韩中庚. 数学建模方法及其应用 [M]. 北京: 高等教育出版社, 2009: 21-25.

[254] 刘思峰, 党耀国, 方志耕, 谢乃明. 灰色系统理论及其应用 [M]. 北京: 科学出版社, 2010: 73-77.

[255] 赵爱文, 李东. 中国碳排放灰色预测 [J]. 数学的实践与认识, 2012, 42 (4): 61-69.

[256] 葛新权. 投入产出模型与生产函数结合技术 [J]. 数量经济技术经济研究, 2003, 20 (12): 55-57.

[257] 徐军委. 基于 LMDI 的我国二氧化碳排放影响因素研究 [D]. 中国矿业大学 (北京), 2013.

[258] Sun J W. Changes in energy consumption and energy intensity: A complete decomposition model [J]. Energy Economics, 1998, 20 (1): 85-100.

[259] Ang B W, Pandiyan G. Decomposition of energy-induced CO_2 emissions in manufacturing [J]. Energy Economics, 1997, 19 (3): 363-374.

[260] Ang B W, Zhang F Q. Inter-regional comparisons of energy-related CO_2 emissions using the decomposition technique [J]. Energy, 1999, 24 (4): 297-305.

[261] Ang B W, Zhang F Q, Choi K H. Factorizing changes in energy and environmental indicators through decomposition [J]. Energy, 1998, 23 (6): 489-495.

[262] Ang B W, Liu N. Handling zero values in the logarithmic mean Divisia index decomposition approach [J]. Energy Policy, 2007, 35 (1): 238-246.

[263] Ang BW, Zhang FQ. A survey of index decomposition analysis in energyand environmental studies [J]. Energy, 2000, 25 (12): 1149-1176.

[264] Ashenfelter O. Estimating the Effect of Training Programs on Earnings [J]. Review of Economics & Statistics, 1978, 60 (1): N/A.

[265] 陈林, 伍海军. 国内双重差分法的研究现状与潜在问题 [J]. 数量经

济技术经济研究，2015（7）：133 – 148.

[266] Ashenfelter O, Card D. Using the Longitudinal Structure of Earnings to Estimate the Effect of Training Programs [J]. Review of Economics & Statistics, 1985, 67（4）：648 – 660.

[267] Abadie A, Gardeazabal J. The economic costs of conflict：a case study of the basque country [J]. American Economic Review, 2003, 93（1）：113 – 132.

[268] Abadie A, Diamond A, Hainmueller J. Synthetic Control Methods for Comparative Case Studies：Estimating the Effect of California's Tobacco Control Program [J]. Journal of the American Statistical Association, 2010, 105（490）：493 – 505.

[269] 王贤彬，聂海峰. 行政区划调整与经济增长 [J]. 管理世界，2010（4）：42 – 53.

[270] 余静文，王春超. 政治环境与经济发展——以海峡两岸关系的演进为例 [J]. 南方经济，2011（4）：30 – 39.

[271] 陈强. 高级计量经济学及 Stata 应用 [M]. 北京：高等教育出版社，2014：38 – 75.

[272] Perino M, Leimer H P. Low carbon economy in the cities of China – possibilities to estimate the potential of CO_2 emissions [J]. Energy Procedia, 2015（78）：2250 – 2255.

[273] Wang S, Fang C, Guan X, et al. Urbanization, energy consumption, and carbon dioxide emissions in China：a panel data analysis of China's provinces [J]. Applied Energy, 2014, 136（C）：738 – 749.

[274] Hausman J A. Specification Tests in Econometrics [J]. Econometrica, 1978, 46（6）：1251 – 1271.

[275] Hausman J A, Wise D A. A Conditional Probit Model for Qualitative Choice：Discrete Decisions Recognizing Interdependence and Heterogeneous Preferences [J]. Econometrica, 1978, 46（2）：403 – 426.

[276] 王冲，史宝娟. 河北省碳排放现状及对策 [J]. 河北联合大学学报（社会科学版），2015, 15（5）：33 – 37.

[277] 马骏，翁清，袁军. 基于 VAR 模型的江苏省对外贸易、经济增长和碳排放的实证研究 [J]. 价格月刊，2015（11）：81 – 85.

[278] 牛庆静. 中国化石能源消费、碳排放与经济增长关系研究 [D]. 山东大学，2014.

[279] 霍炜红. 我国能源消费、经济增长与二氧化碳排放量关系的实证分析

［D］. 首都经济贸易大学, 2014.

　　［280］武义青, 赵亚南. 河北省碳排放与能源消费和经济增长［J］. 河北经贸大学学报, 2015, 36（1）: 123 - 129.

　　［281］王银, 刘孟雄. 河北省碳排放与经济发展的分析——基于 EKC 曲线与 ARIMA 模型［J］. 绿色科技, 2018（2）: 98 - 100.

　　［282］黄晟, 李兴国. 京津冀协同视阈下河北省碳排放和碳交易［J］. 清华大学学报（自然科学版）, 2017, 57（6）: 655 - 660.

　　［283］何永贵, 于江浩. 河北省碳排放及其影响因素变化趋势研究［J］. 环境科学与技术, 2018, 41（1）: 184 - 191.

　　［284］王彩明, 李健. 基于 LMDI 的河北省能源消费碳排放量核算及影响因素实证分析［J］. 科技管理研究, 2017, 37（10）: 258 - 266.

　　［285］王玉, 杜宏巍. 河北省工业结构调整对碳排放的影响分析［J］. 商业经济研究, 2017（10）: 200 - 202.

　　［286］薛黎明, 张心智, 刘保康, 胡雅各. 基于支持向量回归机的河北省能源消费碳排放预测［J］. 煤炭工程, 2017, 49（8）: 165 - 168.

　　［287］王韶华, 于维洋, 张伟, 白洁. 基于产业和能源的河北省分产业碳强度因素分析［J］. 经济地理, 2015, 35（5）: 166 - 173.

　　［288］许永兵, 翟佳羽. 河北省能源消费、碳排放与经济增长关系研究［J］. 经济与管理, 2016, 30（5）: 30 - 37.

　　［289］李伟. 农业产业化对农业碳排放绩效的影响效应分析——以河北省为例［J］. 世界农业, 2017（6）: 53 - 59.

　　［290］李赛, 耿蕊. 河北省种植业碳排放核算［J］. 统计与管理, 2016（7）: 108 - 109.

　　［291］张建香, 葛永红. 基于绿色营销的河北省钢铁企业节能减排策略探索［J］. 产业与科技论坛, 2016, 15（8）: 20 - 21.

　　［292］丘福明. 河北省道路交通部门节能减排情景分析［J］. 云南民族大学学报（自然科学版）, 2017, 26（3）: 258 - 264.

　　［293］刘晓敏, 许永兵, 刘志辉等. 京津冀服务业能源消费碳排放影响因素分析［J］. 河南科学, 2016, 34（5）: 810 - 816.

　　［294］李从欣, 李国柱. 政策工具视角下河北省节能减排政策研究［J］. 石家庄经济学院学报, 2016, 39（5）: 58 - 64, 74.